Walter Gregorc, Karl-Ludwig Weiner
Claim Management

Claim Management

Ein Leitfaden für Projektmanager und Projektteam

von Walter Gregorc und Karl-Ludwig Weiner

Publicis Corporate Publishing

Bibliografische Information Der Deutschen Bibliothek
Die Deutsche Bibliothek verzeichnet diese Publikation in der
Deutschen Nationalbibliografie;
detaillierte bibliografische Daten sind im Internet über http://dnb.ddb.de abrufbar.

http://www.publicis-erlangen.de/books

Lektorat: Dr. Gerhard Seitfudem, Publicis Corporate Publishing, Erlangen

ISBN 3-89578-250-5

Verlag: Publicis Corporate Publishing, Erlangen
© 2005 by Publicis KommunikationsAgentur GmbH, GWA, Erlangen

Printed in Germany

Geleitwort

Das industrielle Projektgeschäft unterliegt einem enormen Wettbewerbs-
druck. Die schwindenden Margen bei gleichzeitiger Zunahme der Projekt-
komplexität erhöhen die Risiken: Bereits geringfügige Abweichungen von
den vertraglich fixierten Projektergebnissen können die Wirtschaftlichkeit
in Frage stellen.

Die im Rahmen der Planung, Steuerung und Kontrolle derartiger Projekte
auftretenden vielfältigen Probleme haben dabei auch zu einer mehr und
mehr systematischen und konzeptgeleiteten Auseinandersetzung mit
Diskrepanzen zwischen vertraglicher Regelung und Leistungsforderung
geführt. Ein so verstandenes Claim Management ist ddeshalb – genau wie
das Controlling – eine Entwicklung aus praktischer Notwendigkeit.

Daher wurde das vorliegende Buch aus der Praxis für die Praxis geschrieben. Die Autoren können dabei auf eine lange Erfahrung im Projektmanagement – speziell mit der Lösung der daraus entstehenden Probleme
– zurückblicken.

Herrn Gregorc und Herrn Dr. Weiner ist es dabei sehr überzeugend ge-
lungen, einerseits Ihre vielfältigen Erfahrungen zu vermitteln, aber auch
andererseits der Zielgruppe dieses Werkes, den mit Projekten befassten
Mitarbeitern, ein klar strukturiertes und unmittelbar anwendbares Konzept für Claim Management in die Hand zu geben. Die dafür gewählte prozessorientierte Struktur lässt auch den „Quereinstieg" des eiligen Lesers zu.
Checklisten und ausführliche Anhänge sind direkte Hilfen für die rasche
und wirksame Lösung eigener Probleme.

Die theoretische Aufarbeitung des Claim Management hat bereits begonnen, steht aber noch in den Anfängen. Das vorliegende Werk liefert auch
dazu vielfältige weitere Beiträge und Anregungen.

Soest, im Sommer 2005

Prof. Dr. Henrik Janzen
Fachgebiet Technisches Management
Leiter des Studiengangs „Engineering and Project Management"
am Hochschulcampus Soest der Fachhochschule Südwestfalen

Vorwort

Was hat uns zum Verfassen dieses Buches bewegt?

Es war die Faszination des Projekts als solches, das Schreiben des Buchs als eine in sich abgeschlossenen Sache, mit unternehmerischer Verantwortung für die Qualität des Produkts und mit dem Ziel, gemeinsam mit dem Verlag als eine Art Konsortialpartner einen erfolgreichen Projektabschluss zu erreichen. Und – was vollkommen normal ist: Natürlich gab es auch da Störungen, welche den reibungslosen Ablauf behinderten! Auch Korrekturen waren nötig, Änderungsmanagement war Bestandteil des Projekts.

Und was war das Ziel des Projekts?

Der Leser des Buchs soll den Nutzen des Claim Managements
als Bestandteil des Projektmanagements erkennen,
für sein Umfeld adaptieren und damit einen nachhaltigen Erfolg
im „Projektleben" erzielen.

Das vorliegende Handbuch soll ein Praxisratgeber für Projektleiter und das Projektteam und ein Leitfaden zur erfolgreichen Abwicklung des Claim Managements in Projekten sein. Von Praktikern für Praktiker geschrieben, soll es den Leser in die Lage versetzen, Claim Management als Teil der Projektabwicklungsprozesse zu verstehen und daraus eine Methodik und zielführende Systematik abzuleiten, nach der er in seinen Projekten erfolgreich Claim Management durchführen kann. Die Betrachtung des Themas geschieht hierbei primär aus der Sicht des *Auftragnehmers*. Der *Auftraggeber* sieht alle Aspekte „von der Seite gegenüber" und hat unter Umständen entgegengesetzte Interessen, kann sich aber gleichermaßen an diesem Buch orientieren.

Die vorgestellten Abläufe sind in Ihrer Detaillierung auf Industrieprojekte ausgerichtet und wirken von daher eventuell für manche Projekte zu umfangreich. Für weniger aufwändige und komplexe Projekte treffen aber identische Abläufe zu, die jeweils auf die individuellen Notwendigkeiten anzupassen sind. Nicht jedes Projekt benötigt eine webbasierte Claimdatenbank mit einem Team von Claim Managern. Eine einfache Liste, die durch den Projektleiter erstellt wurde, kann den identischen Zweck erfüllen. Im Zweifelsfall ist immer der Projektleiter – in Personalunion – für die Aufgaben verantwortlich.

An dieser Stelle wollen wir allen Freunden und Kollegen danken, die uns immer wieder uneigennützig mit Ihren Anregungen und Ideen zur Seite standen. Dies sind insbesondere (in alphabetischer Reihenfolge): Rüdiger-Wolf Bentjen, Dr. Katharina Dahmen-Zimmer, Marie-Alix Ebner von Eschenbach, Dr. Christian Forstner, Stephanie Jacobs, Karl Kielmann, Udo Ernst Kröner, Cecilia Misu und Hermann Schneller. Außerdem natürlich unseren Familien für die Geduld während so mancher Abende und Wochenenden in der „Autorenklausur" und unserem Lektor Dr. Gerhard Seitfudem für seine Geduld und Toleranz beim Umgang mit den Praktikern.

Erlangen/München, August 2005

Walter Gregorc
Dr. Karl-Ludwig Weiner

Inhaltsverzeichnis

Nur wer
einen lückenlosen Vertrag abschließt
und jede Änderung
einvernehmlich
mit seinem Vertragspartner klärt,
erspart sich das Claim Management.

Aber ganz ehrlich:
Existiert der lückenlose Vertrag?

1 Einleitung

Von jeher gehörte es zu den größten Leistungen menschlichen Fortschritts, Projekte von einmaliger, imponierender Größe und Komplexität auszuführen.

So wie der Pyramidenbau im alten Ägypten eine enorme logistische Herausforderung an Mensch und Material darstellte oder das Errichten von Kathedralen eine Verbindung fortschrittlicher architektonischer Kenntnisse mit perfektioniertem handwerklichen Können benötigte, so ist heutzutage beispielsweise jeder Satellitenstart als ein in sich abgeschlossenes, innovatives Projekt an bestimmte Abläufe gebunden um erfolgreich durchgeführt werden zu können.

Heute gibt es immer öfter solche Vorhaben – Projekte – in immer größerem Umfang und mit steigender Komplexität, nicht nur in technischer, vertraglicher und logistischer, sondern auch in kultureller Hinsicht, und sie sind in immer kürzerer Zeit und gegen größere Konkurrenz abzuwickeln. Der wesentliche Unterschied zu den historischen Projekten liegt dabei in der Vielfalt des zu integrierenden Wissens und nicht selten in der exakten, kritischen Terminplanung. Die dabei zur Verfügung stehenden Ressourcen sind knapp und oft nur begrenzt verfügbar. Somit wird vom Projektmanagement eine optimierte Durchführung verlangt: Zeit, Kosten und Liefer-/Leistungsumfang bei vertraglich geforderter Qualität müssen eingehalten werden. Dabei ist der Auftraggeber in vollem Umfang, auch persönlich (etwa durch entsprechende Information oder Betreuung), zufrieden zu stellen. Alle über den Vertrag hinausgehenden oder vom Vertrag abweichenden Leistungen bedeuten eine Erweiterung, Kürzung oder Änderung dieser Leistungen, zusammenfassend mit dem Begriff „Änderung" bezeichnet, da natürlich auch Erweiterungen oder Kürzungen Änderungen sind. Im Änderungsmanagement werden diese erfasst und den Vertragsanforderungen gegenübergestellt.

Es gibt zwei Kategorien von Änderungen:

- Mit dem Vertragspartner abgestimmte Änderungen sind eine Erweiterung des Vertrags. Es kommt zu einvernehmlichen Mehrungen oder Minderungen und zeitlichen Verschiebungen im Projektablauf. Diese einvernehmlichen Änderungen werden meist als Nachträge, Change oder Variation Orders bezeichnet.

- Sind die Änderungen zwar notwendig, aber die Verantwortung für die Ursache und die daraus resultierenden Konsequenzen ist strittig, handelt es sich ebenfalls um Nachträge, die jedoch aufgrund der „Strittigkeit" meist als „Claims" bezeichnet werden. Auch hier wird meist eine Änderung zum bestehenden Vertrag gefordert und es kommt ebenfalls zu Mehrungen/Minderungen bei Zeit, Kosten, Liefer- und Leistungsumfang sowie Qualität, die aber nicht abschließend verhandelt sind. Für beide Fälle ist der Vertrag die Grundlage zur Feststellung der Änderung bzw. Abweichung vom vertraglichen Soll.

Die damit verbundenen Begriffe und Bezeichnungen werden in der täglichen Arbeit meist in beiden Situationen synonym verwendet und miteinander vermischt.

Das Managen solcher Nachträge – Claim Management – wird im heutigen Projektgeschäft gezielt eingesetzt. Damit soll das Projektergebnis nachhaltig gesichert werden, denn wem nützt es wirklich, wenn das Projekt zwar abgeschlossen ist, aber immer noch Kosten anfallen oder dem Vertragspartner für 100% Zahlung 110% Leistung erbracht wurde? Oder eine Leistung ist zu 90% abgearbeitet und der Ausführende möglicherweise insolvent?

Die Begriffe „Claim" und „Claim Management" sind bei vielen Menschen negativ besetzt; sie lösen bei den Betroffenen manchmal Ablehnung und Unverständnis aus.

Dieses Buch versteht unter Claim Management auch
Änderungsmanagement, Nachtragsmanagement,
Konfliktmanagement und Contract Management sowie daran
angrenzende Aufgaben.

„Claim Management" haben wir deshalb als Buchtitel gewählt, weil dieser Begriff im Zusammenhang mit Nachträgen bzw. Änderungen zum Vertrag am gebräuchlichsten ist.

Unabhängig von der Bezeichnung gilt immer folgende Prämisse:

Korrekte Projektabwicklung, bei Einhaltung des Vertrags
als übereinstimmende, gegenseitige Willenserklärung
erspart aufwändiges Claim Management
und fördert die gute Kundenbeziehung
sowie die positive Zusammenarbeit mit Vertragspartnern.

Übrigens: In diesem Buch verwenden wir einheitlich englische Bezeichnungen wie Project Manager, Claim Manager oder Quantity Surveyor, wie wir sie aus unserem täglichen – internationalem – Sprachgebrauch gewohnt sind. Im Deutschen würden wir für Project Manager den Begriff

Projektleiter verwenden, für Claim Manager den Begriff Nachtragsmanager. Andere Bezeichnungen wären deutlich schwieriger zu übersetzen, deshalb lassen wir sie lieber in der „Projektsprache" stehen. Oder: Wollen wir den Quantity Surveyor als Massenermittler führen?

Für das Gesamtverständnis des Claim Managements ist immer wieder der Bezug auf den Vertrag oder das Recht notwendig. Die in diesem Buch hierfür dargestellten Situationen stellen jedoch keine Rechtsberatung oder juristische Auskunft dar. Für eine rechtskonforme Auskunft ist grundsätzlich ein Jurist zu konsultieren.

2 Der rote Faden

In diesem Buch führen wir den Leser durch die Projektphasen eines Industrieauftrages und zeigen anhand von Methoden und Beispielen die grundsätzlichen Aspekte, die beim Claim Management zu beachten sind.

Wir beziehen uns dabei auf Industrieprojekte, die prinzipiell in folgenden Phasen ablaufen:

1. Bedarf und Machbarkeitsstudie

2. Anfrage und Ausschreibung

3. Angebot

4. Vertragsverhandlung

5. Letter of Intent

6. Vertragsunterzeichnung

7. Inkrafttreten des Vertrags

8. Engineering

   a. Basic Engineering

   b. Detailed Engineering

9. Einkauf

10. Fertigung

11. Versand

12. Montage und Installation

13. Inbetriebnahme und Leistungstests

14. Abnahme

15. Beginn der Mängelhaftungszeit mit Betrieb und Wartung

Ganz viele der beschriebenen Inhalte sind auch auf andere Projekte übertragbar – etwa auf Softwareprojekte, auf die Lieferung komplexer Produkte oder auf Gebäudekomplexe oder auf Anlagen, zum Beispiel bei Flughafenprojekten oder für Logistikunternehmen.

Diese Phasen der Projekte spiegeln sich im Aufbau des Buchs wider:

- Kapitel 3 behandelt allgemeine Themen zum Projekt- und Claim Management über alle Phasen,

- Kapitel 4 die Phasen von der Anfrage bis zum Inkrafttreten des Vertrags,

- Kapitel 5 das operative Claim Management von der Engineeringphase bis zum Ende der Mängelhaftungszeit und

- Kapitel 6 beschreibt das Umfeld des Claim Managements.

Themen wie Rollen, Prozesse, Claim-Management-Methoden oder dergleichen werden in allen vier Kapiteln jeweils mit dem kapitelspezifischen Fokus betrachtet. Wir haben dabei bewusst Redundanzen in Kauf genommen, um eine Durchgängigkeit des Textes zu gewährleisten und einfacheres Nachschlagen einzelner Aspekte zu ermöglichen.

Der besondere Nutzen für den Projektleiter und sein Team liegt dabei in der phasenorientierten Darstellung der Methoden und Verfahren zum Claim Management, beginnend mit der Angebotsphase und endend mit dem Abschluss der Mängelhaftungsphase.

Die vorgestellten Verfahren und Methoden können auch über die Mängelhaftungszeit hinaus angewendet werden, da die Grundprinzipien des Claim Managements für Wartungs- und Betriebsverträge (Operation & Maintenance) in ähnlicher Art gelten; sie stehen hier jedoch nicht im Fokus.

Wie für viele andere Aufgaben ist es auch für erfolgreiches
Claim Management dringend erforderlich, das Richtige
zum richtigen Zeitpunkt zu tun.

3 Einführung in das Claim Management

Im privaten Bereich achten wir auf unser Geld.
Was wir kaufen, muss in Ordnung sein, denn sonst reklamieren
wir die schadhafte Sache. In Projekten tragen wir die
Verantwortung für das Geld anderer, also müssen wir dort die
gleiche Achtsamkeit walten lassen!

In diesem Kapitel wird das Wesen des Änderungsmanagements, also des „claimens" beleuchtet:

- Woher kommt es,

- seit wann wird es professionell betrieben,

- wer betreibt es und

- wen betrifft es?

Ziel ist es, den Leser über das Projektmanagement in die Phase vom Angebot bis zum Inkrafttreten des Vertrags hinzuführen.

3.1 Ursprünge des Claim Managements

3.1.1 Vom Quantity Surveyor zum Projektberater

Claim Management gewinnt seit einigen Jahren gerade in Deutschland immer mehr an Bedeutung. Ursachen für diese Entwicklung sind die verschärfte internationale Wettbewerbssituation und die umfassenderen Anforderungen der Unternehmen an ihre Lieferanten. Dazu gehören kürzere Lieferzeiten, steigende Funktionalität und kleinere Budgets – Anforderungen, die immer härter werden, vielen Unternehmen aber im Prinzip seit langem bekannt sind. So geht der dokumentierte Anfang des Claim Managements auf die industrielle Revolution zurück, die ihren Ursprung in England fand.

Der Beginn des Industriezeitalters im 19. Jahrhundert brachte vielen Branchen signifikantes Wachstum, neben verschiedenen Industriezweigen auch der Baubranche oder dem Ausbau der Infrastruktur. Außer dem Bau von Eisenbahnstrecken, Verkehrswegen, Fabriken oder Stahlwerken waren auch Unterkünfte für arbeitswillige Menschen notwendig, die in großer Zahl in die Städte strömten.

Diese Situation erforderte eine zunehmend termingerechte Fertigstellung der „Bauprojekte" unter Berücksichtigung von Normen und Spezifikationen.

Reg Thomas, Autor des Standardwerkes „Construction Contract Claims" beschreibt sehr bildhaft, wie im Frühstadium dieser Entwicklungen das Erarbeiten eines Angebotes für den Bau einer Eisenbahnlinie in England wohl ablief:

„Firbank himself used to tell a story of one Mr Wythes (probably George Wythes who undertook, among other lines, that from Dorchester to Maiden Newton), who was thinking of submitting an offer for a contract. He first thought £ 18.000 would be reasonable, but then consulted his wife and agreed it should be £ 20.000. Thinking it over, he decided not to take any risk, so made it £ 40.000. They slept on it and the next morning his wife said she thought he had better make it £ 80.000. He did; it turned out to be the lowest tender notwithstanding, and he found his fortune on it."

In diesen Wachstumszeiten war es möglich, schnell ein Vermögen zu verdienen, jedoch gingen ebenso viele Lieferanten – Contractors – auch wieder Bankrott. Ursache war, schlicht und ergreifend, das völlige Unterschätzen der gestellten Anforderungen, die ein Vorgehen nach vorgegebenen Standards und den Bau auch unter schwierigen Witterungsbedingungen erforderten. Zusätzlich war vielen Auftragnehmern nicht bewusst, welche vertraglichen Konsequenzen ein Verzug oder andere schwerwiegende Vertragsverletzungen nach sich zogen.

Damit wurde sehr schnell klar, dass ein Hauptrisiko in der quantitativen und qualitativen Beschreibung des Liefer- und Leistungsumfanges lag oder – um es juristisch auszudrücken – darin, dass „im Werkvertrag ein Erfolg geschuldet ist", dass also der Auftragnehmer voll verantwortlich ist für die richtige und termingerechte Ausführung eines Auftrags.

Um dieses Risiko zu mindern, setzten anfangs die Auftragnehmer und später verstärkt auch die Auftraggeber einen technischen Sachverständigen ein, den „Quantity Surveyor", der aus den Zeichnungen des Architekten die Leistungen und Mengen – die sogenannte „Bill of Quantities" – zur Bepreisung für die Anbieter festlegte.

Das Berufsbild des Quantity Surveyors entstand nach dem großen Brand in London und fand einen Höhepunkt in der Gründung eines Berufsverbands, der heutigen „Royal Institution of Chartered Surveyors", im Jahr 1868 in London.

Für die Ausübung des Berufes waren gute mathematische und physikalische Grundlagen sowie die Kenntnis kaufmännischer und gesetzlicher Zusammenhänge Voraussetzung.

Die entstandenen Kosten für den Quantity Surveyor wurden auf den Bill of Quantities entsprechend den Anteilen vermerkt und im Auftragsfall wurde der Surveyor durch den Auftragnehmer bezahlt, was für uns heute durchaus merkwürdig erscheinen mag.

Der Vorteil in dieser Vorgehensweise liegt darin, dass jedem Anbieter die identischen Mengen und Leistungsangaben vorliegen und dadurch die Kosten für die Angebotsbearbeitung und das Risiko für Fehler in der Mengenbestimmung reduziert wurden. Diese Technik wurde viele Jahre praktiziert, teilweise bis 1920, hatte jedoch für den Quantity Surveyor das Risiko der Nicht-Bezahlung seiner Leistung für den Fall, dass das Projekt nicht realisiert wurde.

Was hat sich seither bis zur Gegenwart geändert?

Heute wird der Quantity Surveyor in der Regel direkt vom Auftraggeber bezahlt, der zusammen mit dem Berater oder Consultant die Ausschreibungsunterlagen erstellt. Aus dem ursprünglichen Berufsbild des Quantity Surveyors entwickelte sich der heutige Contract und Claim Manager, der sich nicht nur um die Mengen, sondern auch um technische und kommerzielle Änderungen im Projekt kümmert.

Seit Jahrzehnten wird die Ausbildung zum Quantity Surveyor im anglo-amerikanischen Rechtsraum als Studien- bzw. Ausbildungsgang angeboten. In Deutschland fehlt diese Möglichkeit bisher noch.

Contract bzw. Claim Manager rekrutieren sich bei uns aus unterschiedlichen Berufsgruppen – z.B. aus Fachleuten der Baubranche, Wirtschaftsingenieuren oder Wirtschaftsjuristen, aber auch aus den Ingenieuren für Maschinenbau, Chemie oder Elektrotechnik oder aus Kaufleuten. Egal welche Basis vorliegt, wichtig sind dabei das Vertragsverständnis, der Bezug zur Technik und die kaufmännische Genauigkeit.

Eine nicht zu vernachlässigende Funktion im Projektgeschäft ist auch die des Projektberaters. Die Rolle des Contract bzw. Claim Managers ist gerade in der Angebotsphase nicht zu vernachlässigen, denn bei der Vertragsgestaltung, technisch wie auch kommerziell, werden die Weichen für den

Projekterfolg gestellt. Dies erfordert eine eingehende Planung des Projektes einschließlich des Claim- und Risikomanagements.

Zu oft werden Angebote ohne ausreichende „Machbarkeitsstudie" erstellt, gemäß dem Motto: „Hauptsache, der Auftrag ist im Haus, es wird schon gut gehen, das erhöhte Risiko ist vielleicht eine Chance!" Das bereits investierte Kapital für die Angebotsbearbeitung soll dann „nur wegen ein paar Prozent weniger Gewinnmarge" nicht in „Sunk Costs", also als verlorenes Kapital, abgeschrieben werden.

Immer häufiger werden Zusätze zum ursprünglichen Vertrag gefordert, Nachträge gestellt oder sonstige Änderungen verlangt. Vertragsschwächen und Vertragslücken lassen verschiedene Betrachtungsweisen darüber zu, wer jeweils was zu verantworten hat. Wo die Problemfelder in Projekten liegen können, zeigt Bild 3.1.

Das komplexe Umfeld der Auftragsabwicklung hat außerdem zur Folge, dass sich heute unter Umständen schon geringfügige Abweichungen im Terminplan der Gewerkemontage oder Anlageninbetriebnahme wesentlich stärker auswirken als das in der Vergangenheit der Fall war. Die Zeitreserven für die Planung und den Bau von Anlagen sind schnell aufgebraucht. Das Marktfenster für den Vertrieb von Produkten, die mit Hilfe der Industrieanlagen produziert werden, dominiert – neben dem Preis – die Vergabekriterien für Aufträge. Die daraus resultierenden straffen Ter-

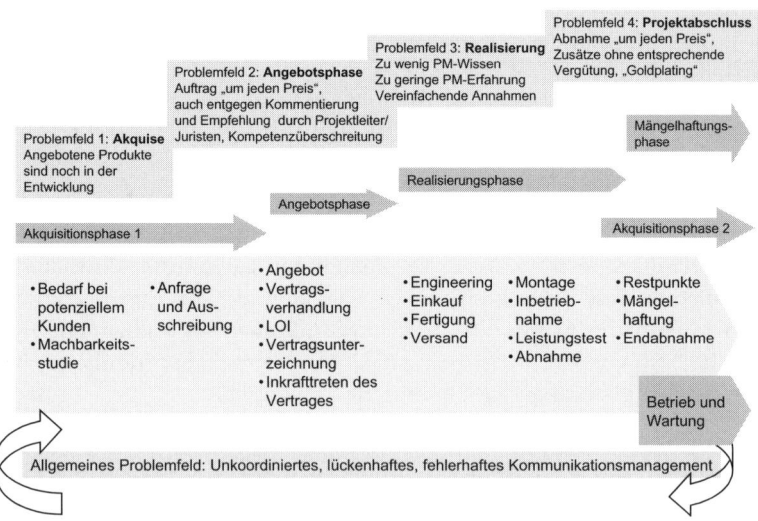

Bild 3.1
Problemfelder in Projekten

minvorgaben können gravierende negative Folgen für den Projektablauf annehmen, sobald Mitwirkungspflichten (das sind vertraglich festgelegte Leistungsverpflichtungen der Partner, die zum Erfolg des Projektes notwendig sind, oder ganz allgemein die Bereitschaft zur Kooperation oder die Freigabe von technischen Dokumenten, damit der andere Partner auf dieser Basis weiterarbeiten kann) durch den Partner oder eigenverschuldet nicht erfüllt oder nur bedingt erfüllt werden.

Das zwingt die Unternehmen dazu, neben perfektioniertem Können in der Projektleitung und Projektabwicklung auch ein besonderes Augenmerk auf die Behandlung von möglichen oder festgestellten Vertragsabweichungen zu legen.

Nicht immer ist der Fachmann, der Erfahrungsträger im Hause. Dann ist es ratsam, sich diesen Experten zuzukaufen: Es rechnet sich am Ende immer!

Böker schreibt hierzu: „Es ist schwierig einen Auftrag zu erhalten; es ist häufig noch viel schwieriger, ihn wieder loszuwerden (im positiven Sinne!)." Gemeint ist damit, dass es oft wirklich äußerst schwierig ist, einen Auftrag vertragskonform, mit termingerechter Abnahme und mit Gewinn abzuschließen!

Definierte Abläufe für den gesamten Geschäftsprozess von der Anfrage und Angebotserstellung über die Auftragsabwicklung bis hin zum Projektabschluss sind notwendig, um Projektprozesse stringent abzuwickeln und Abweichungen frühzeitig zu erkennen und rechtzeitig Korrekturmaßnahmen einzuleiten. Diese definierten Abläufe unterstützen das gemeinsame Ziel von Auftraggeber (AG) und Auftragnehmer (AN). Ein gutes Mittel zur optimalen Projektabwicklung ist der Einsatz eines erfahrenen Projektberaters mit möglichst umfangreichen theoretischen Projektkenntnissen und langer Erfahrung, der den Projektleiter in jeder Projektphase beraten kann.

Erfahrung kann nicht erlernt werden,
Erfahrung kann nur gewonnen werden!

Erfahrene Berater (und andere sollte es gar nicht geben!) raten dazu, zumindest zum Beginn der Projektausführung – also nach Vertragsabschluss – und noch einmal gegen Projektende – als Lessons Learned – ein Projektaudit durchzuführen. Das hilft den Projektleitern, Fehler in der Abwicklung bereits von Anfang an leichter zu erkennen oder nach dem zweiten Audit diese Fehler (hoffentlich!) nie mehr zu machen!

3.1.2 Warum wird geclaimt?

In erster Linie dient das Claim Management der Ergebnissicherung im Projekt. Berechtigte Forderungen sind durchzusetzen oder zu akzeptieren, unberechtigte Claims sind abzuwehren.

Für das gesamte Projekt wird diese Betrachtung in Richtung

- Auftraggeber (AG),

- Konsortialpartner bzw. Joint Venture und

- Lieferanten

durchgeführt. Die Summe der Claims ist bestimmbar, positive Claimerfolge sichern das Projektergebnis, nicht durchgesetzte Claims bedeuten eine Verschlechterung des Projektergebnisses.

Erfahrungsgemäß ermöglicht ein gut entwickeltes Projektmanagement auch ein erfolgreiches Claim Management, da hierfür zwingend transparente, nachvollziehbare Projektabläufe und Unternehmensprozesse erforderlich sind. Beispielhaft sei hier nur einmal die Nachvollziehbarkeit von Vorgängen und Prozessen erwähnt: *Wann* ist *was* auf der Baustelle durch *wen auf welcher vertraglichen Basis* errichtet worden und *wo* sind die *Nachweise* und *Protokolle* hierfür? Bereits die mangelnde Dokumentation ist häufig ein erster Stolperstein, wenn man einen Claim stellen will.

> *Einen „Claim stellen" bedeutet das Anmelden von Ansprüchen*
> *einer Partei an eine andere Partei*
> *auf der Grundlage eines Vertrags oder Gesetzes.*

In Projekten sind Claims Forderungen aufgrund eines Projektvertrages, die eine Vertragspartei an die andere stellen kann,

- wenn die andere Vertragspartei ihre vertraglichen Verpflichtungen nicht oder nur mangelhaft erfüllt oder

- wenn die andere Vertragspartei aufgrund vertraglicher Regelungen Änderungen des Vertrags fordert oder

- wenn die Vertragsabwicklung durch Ursachen gestört wird, die keine der Vertragsparteien zu vertreten hat

> *„Claim Management" lässt sich in etwa übersetzen als*
> *„Management von Ansprüchen und Gegenansprüchen".*

Claim Management ist ein wesentlicher Bestandteil des praxis- und ergebnisorientierten Projektmanagements. In der Angebotsphase benutzt man dabei meist die Bezeichnung Contract Management, nach der Vertragsunterzeichnung in der Abwicklungsphase hingegen den Ausdruck Claim Management. Das Claim Management dient der Sicherung und Optimierung des Projekterfolges; es ist als eigenständige Teilleistung innerhalb eines Projekts anzusehen.

Im Projektgeschäft ist das Erkennen, Erfassen und Stellen von Claims gängige Praxis, in internationalen Geschäften wird es seit Jahrzehnten erfolgreich angewendet.

In einer Ausgabe von „The International Construction Law Review" von 1989 beschreiben McPike und Kutner die Situation wie folgt:

„A claim then, consists, in its most simple aspects, of any request by the contractor for money or time due to a change in any of the three basic elements of contractual baseline (scope, conditions, schedule)."

Damit sind auch die Claimarten definiert. In der Regel handelt es sich bei Claims um Forderungen bezogen auf

- den *Liefer- und Leistungsumfang,*

- die *Vertragstermine* und

- die *finanziellen Aspekte.*

Bezüglich dieser Forderungen kann Einvernehmlichkeit zwischen den Vertragspartnern bestehen (1.) oder nicht (2.):

1. Mit dem Vertragspartner abgestimmte Änderungen sind eine Erweiterung des Vertrags, in denen einvernehmlich Mehrungen oder Minderungen und zeitliche Verschiebungen im Projektablauf vereinbart sind. Diese einvernehmlichen Änderungen werden meist als *Nachträge, Change* oder *Variation Orders* bezeichnet. Sie werden *vor der eigentlichen Ausführung* als Nachtrag zum Vertrag einvernehmlich vereinbart.

2. Sind Änderungen zwar notwendig, aber die Verantwortung für die Ursache und die daraus resultierenden Konsequenzen ist strittig, handelt es sich ebenfalls um Nachträge, die jedoch aufgrund der *Strittigkeit* meist als *Claims* bezeichnet werden. Auch hier wird meist eine Änderung zum bestehenden Vertrag gefordert und es kommt, wie bereits beschrieben, zu Mehrungen oder Minderungen bei Zeit, Kosten, Liefer- und Leistungsumfang sowie Qualität, die aber nicht abschließend verhandelt sind. Der Vertragspartner (das kann ein Auftraggeber oder der Auftragnehmer oder ein Partner in einem Projekt sein) tritt in *Vorleistung* und muss dann seinen Forderungen *nach der Ausführung* „hinterherlaufen".

Ein weiteres wesentliches Unterscheidungsmerkmal zwischen Claim und Change Order liegt darin, dass beim Claim entstandene Kosten eingefordert werden, während bei der Change Order über den Preis zu verhandeln ist.

Oft stehen wir vor der Frage: „Wie sieht das Kosten-Nutzen-Verhältnis für einen Claim Manager aus? Lohnen sich Claim Manager nur bei Großprojekten?"

Die Diskussion über Kosten und Nutzen ist aber eigentlich müßig, denn normalerweise zwingen die Wettbewerbsituation, der Preisdruck, die kürzeren Lieferzyklen bei steigender Komplexität und auch die Claims der anderen Vertragspartner zum Claim Management.

Auch die Aufteilung in einzelne Projektphasen und deren Abschluss und Übergabe, personelle Veränderungen beim Kunden bzw. Auftragnehmer sorgen für ein Kontinuitätsrisiko. Dazu gehören auch Wissensverluste, die Möglichkeiten zu unterschiedlicher Vertrags- und Abwicklungsinterpretation schaffen.

Jedes Projekt unterliegt Änderungen, die sich auf die Projektkosten auswirken. Solche Änderungen können heutzutage nicht mehr mit Risikozuschlägen „gepuffert" werden. Änderungsvolumina in Projekten können schwanken, jedoch sind zum Beispiel bei Software und IT-Projekten durchschnittlich 20 bis 30% Änderungspotenzial vom Auftragswert (Change Orders) keine Seltenheit. Die Streubreite kann extrem groß sein – bis hin zum mehrfachen Auftragswert.

Ein praktisches Beispiel:

Nehmen wir einmal an, es handelt sich um ein Software-Entwicklungsprojekt. Für die zehnmonatige Bearbeitungszeit steht ein Kostenbudget von rund 480.000 € zur Verfügung. Am Ende der Bearbeitungszeit kurz vor Übergabe an den Kunden errechnet sich aufgrund eines eingeführten Claim Managements ein Zusatzvolumen von 300.000 €.

Ohne die systematische Erfassung fiele die berechnete Summe deutlich niedriger aus, weil die Sensibilisierung für das Erkennen, Dokumentieren, Bewerten und Durchsetzen von Claims fehlen würde. Das qualifiziert vom Partner eingeforderte Volumen wäre beispielsweise nur ein Drittel der tatsächlichen Summe, d. h. um 200.000 € geringer. Der geringe zusätzliche Aufwand für Claim Management durch den Projektleiter, das eigentlich ohnehin zu seiner PM-Tätigkeit gehört, oder die begleitende PM-Beratung mit etwa 30 Tagen für diesen Zeitraum liegt bei rund 10% vom Claimpotenzial.

Trotzdem scheut man sich vor den Aufwendungen und hofft fast immer, dass es „schon gut gehen wird".

Welche berechtigten Chancen können sich daraus ergeben? Das angesetzte Claimvolumen und Änderungsvolumen ist gerade bei IT-Projekten oder dem IT-Umfeld zu Anlagenprojekten keine Seltenheit.

Noch wesentlicher kann Claim Management als Hebel zum Erfolg in einem Industrieprojekt sein, wie Kühnel schreibt:

„Wenn der Claim Manager mit einem Einsatz von einem Monat die vertraglich vorgesehene Vertragsstrafe von 2% vom Auftragswert zu vermeiden hilft, hätte er schon den gleichen Unternehmensbeitrag geleistet wie das gesamte Projekt."

Beide Beispiele zeigen, dass Claim Management bei richtiger Anwendung eine enorme Hebelwirkung in Richtung Ergebnisverbesserung bietet und nicht nur ein Kostenfaktor ist. Gerade diese Hebelwirkung des Claim Managements führt immer wieder zu Situationen, in denen Vertragspartner Verträge nach dem Motto abschließen: „Das Delta zu unseren Zielkosten claimen wir uns." Aber das kann gefährlich sein, denn man sollte in diesem Zusammenhang auch den Aspekt der Kundenzufriedenheit nicht außer Acht lassen.

3.2 Projektmanagement – wichtiger denn je

3.2.1 Was bedeutet „Projekt"?

DIN 69901 definiert ein Projekt als „Vorhaben, das im Wesentlichen durch die Einmaligkeit der Bedingungen in ihrer Gesamtheit gekennzeichnet ist."

Nur wenn diese Einmaligkeit der drei Bedingungen

- Zielvorgabe,

- zeitliche, finanzielle und personelle oder andere Begrenzungen und

- Projektorganisation

gegeben ist, handelt es sich um ein Projekt.

Eine ausführlichere Definition des Begriffs Projekt ist im Rahmen dieses Buches nicht notwendig. Wer mehr darüber wissen will, dem sei zum Beispiel das Buch „Projektmanagement und Prozessmessung" von Jankulik, Piff und Kuhlang empfohlen.

3.2.2 Projektübersicht und Claimverwaltung

Eine Methode zur übersichtlichen Darstellung der *Projektziele* und des Umfeldes (aus Top-down-Sicht) ist die Projektübersicht, häufig auch als *Scope Statement* bezeichnet. Die Projektziele sind Ergebnisse, die möglichst quantifizierbar sein sollen, damit ihre Erfüllung bei der Abnahme – bei Bedarf auch durch Messung – einfach nachgewiesen werden kann.

In Bild 3.2 sind für ein beliebiges Beispiel die wichtigsten vorausgesetzten Eingangsparameter eines Projekts (Klima, Energie, Gebäudearchitektur, Normen, Gesetze, Lieferzeiten ...) den vom Auftraggeber (AG) auf Basis des Vertrags erwarteten Ergebnissen (Leistung, Kapazität, Termintreue, Know-how-Transfer ...) gegenübergestellt. Die Einflüsse wie z. B. Transportbedingungen, Aufbau der Tests, Abnahme, Dokumentation und anderer „allgemeinen Einflüsse" (Personal, Budget, Force Majeure, Archäologie ...) sind durch die Darstellung klar erkennbar und vor allem bei Projekt-Statussitzungen, Kundengesprächen oder bei anderen Stakeholdern eine große Hilfe.

Eine derartige Übersicht mit allen relevanten *Projektumwelten* sollte für jedes Projekt erstellt werden, damit man einen Überblick über alle externen Parameter und Schnittstellen hat, die erwartete oder unerwartete Auswir-

Einflüsse im Projekt

| Kultur, Sprache(n), Transport, Zoll, Tests, Fertigung, Energiezufuhr, Aufbau, Abnahme, Dokumentation, usw. | *Stakeholder wie Behörden, Budget, Währung, Finanzierung, Einkauf, Werke und andere Hersteller* | AG-Personal, Force Majeure, örtliche Gegebenheiten, Klärung Hersteller, Geologie, Archäologie, Vorschriften usw. |

Eingangsparameter

Klima, Energie, Energiebilanz, Energieverbrauch, Betriebsmittel, Gebäudearchitektur, Normen und Standards, lokale Gesetze, Lieferzeit, örtliche Arbeitskraft und Wertschöpfung, Kundenvertrag, bewährte Technik, Verfügbarkeit, usw.

Projekt

Ergebnisse

Leistung, Energieminimierung, Kapazität, Anschaffungskosten, Termintreue, Local Content, bewährte Technik, Anlagen-Know-how, Know-how-Transfer zum AG, Qualität, Seriosität der Firma, usw.

Bild 3.2
Projektübersicht

kungen auf ein Projekt haben könnten. Die Art der Darstellung (Grafik, Tabelle, Liste) ist beliebig – wichtig ist die Vollständigkeit.

Trotz Veränderungen der laufenden Projektparameter muss entweder das einmal vorgegebene Ziel erreicht werden oder es ist miteinander ein neues Ziel zu vereinbaren. Beides bedeutet einen *Eingriff* in den ursprünglichen Vertrag.

Ein frühzeitiges Erkennen von Abweichungen setzt folgende typischen Kontrollinstrumente voraus:

- Hinreichende Planung sowie Dokumentation in Abstimmung mit dem Vertragspartner (Soll-Vorgaben aus dem Liefer- und Leistungsverzeichnis);

- abgestimmter Zeitplan mit ausgewiesenen Meilensteinen und Mitwirkungspflichten der Partner;

- eindeutige Vorgaben bezüglich Art und Umfang der Arbeiten von Vorliegergewerken (Dieser eher umgangssprachliche Begriff bezeichnet notwendige Lieferungen, Gewerke, Aktivitäten und Leistungen, die erstellt sein müssen bevor die eigenen Arbeiten bzw. Leistungen erbracht werden können. Zum Beispiel muss der Rohbau stehen bevor das Verputzen beginnen kann. Die Koordinationspflicht obliegt dem Auftraggeber. Ein Gewerk ist ein Teil des Gesamtsystems oder der Anlage, das meist als Teilprojekt betrachtet wird.);

- laufender Soll-Ist-Vergleich der Personalstärke, des Fertigstellungsgrades, der Qualität und der zugesicherten Eigenschaften, wie z. B. der „garantierten" Performance der Anlage.

Projektmanagement und *Projektsteuerung* liefern die notwendigen Informationen für die Behandlung von Abweichungen im Rahmen des Contract und Claim Managements. „Projektmanagement" bezeichnet dabei die Gesamtheit von Führungsaufgaben, -organisation, -techniken und -mitteln für die Abwicklung des Projektes; Projektsteuerung ist ein Bestandteil des PM und beinhaltet Teilleistungen des PM wie z. B. das Controlling, also das „Überwachen und Steuern" von Kosten, Finanzmitteln, Qualität, Terminen, Kapazitäten sowie die Organisation, Koordinierung und Vergabe von Funktionen.

Claim Management umfasst also nicht nur dann einsetzende Aktivitäten, wenn während der Abwicklungsphase eines Auftrages bereits tatsächlich Abweichungen von den vertraglichen Vereinbarungen aufgetreten sind. Vielmehr beginnt Claim Management schon wesentlich früher, nämlich während der Angebots- und Vertragsverhandlung, um bereits in dieser

Phase vertragliche Voraussetzungen für später möglicherweise notwendig werdende Claim-Aktivitäten zu schaffen.

Wegen seiner besonderen Bedeutung wird Claim Management firmenintern häufig von einer eigenen Abteilung beziehungsweise von externen Fachfirmen betrieben. Wird der *Claimerfolg* hierbei incentiviert (also der Claim Manager am Erfolg des Claim Managements finanziell beteiligt), muss die Strategie des Claim Managers mit der Strategie des Unternehmens abgestimmt sein!

Claim Management ist auch unter dem Gesichtspunkt der *Unternehmens-* und *Projektstrategie* zu sehen:

- Will ich mit meinem Kunden weiterhin im Geschäft bleiben?

- Wie stark begebe ich mich in die Abhängigkeit meines Zulieferers?

- Liegt meine gewählte Claimstrategie auch im Interesse des Gesamtunternehmens?

In einer tabellarisch geführten *Claimverwaltung* sind *Eigenclaims* und *Fremdclaims* nach offenen und erledigten, d. h. durchgesetzten bzw. abgewehrten Claims und deren €-Werten aufgelistet (siehe Anhang 7.10 und Bild 5.2). Die Claimverwaltung ist zum einen das Werkzeug zur Claimverfolgung und zum anderen die Basis für eine Claimbilanz, durch welche die Effektivität und der Nutzen des Claim Managements für das Projekt und für das Unternehmen erkennbar wird.

3.2.3 Klassifizierung von Projekten

Die Basis für das hier beschriebene Claim Management sind Industrieprojekte mit Blick insbesondere in Richtung Kunde bzw. Auftraggeber. Jedoch ist Claim Management gegenüber den Lieferanten oder Konsortialpartnern nicht weniger wichtig. Daher ist für den Claim Manager unabdingbar, Abläufe mit den jeweils beteiligten Personen, Gruppen oder Firmen in Projekten zu kennen. Das ist eine Grundvoraussetzung dafür, dass er überhaupt effektives Claim Management betreiben kann.

Diese Abläufe können je nach Art des Projekts sehr unterschiedlich sein. So unterscheidet man zum Beispiel

- *Anlagenprojekte,*

- *Turnkey-Projekte,*

- *Komponenten-Lieferprojekte, das sind Teillieferungen mit/ohne Montage und Inbetriebsetzung,*

- *Vertriebsprojekte,*

- *Dienstleistungsprojekte,*

- *Entwicklungsprojekte,*

- *Forschungsprojekte,*

- *Betreuungsprojekte,*

- *Consulting-Projekte,*

- *Rationalisierungsprojekte und*

- *Organisationsprojekte.*

Vor allem bei kundenspezifischen Entwicklungsprojekten spielt das Änderungsmanagement eine wichtige Rolle, da sich in solchen Projekten die Ziele und Anforderungen während der Projektlaufzeit besonders stark ändern können. Ferner sind bei Projekten die Auftragswerte, die Schwierigkeit in der Abwicklung, der technische Standardisierungsgrad, die Zahl der Schnittstellen innerhalb des Projekts sowie nach außen und die bewerteten Risiken zu betrachten.

Zudem wird zwischen einem strategisch wichtigen Erstprojekt und einer Routineabwicklung unterschieden. Projekterfahrene Unternehmen teilen ihre Projekte oft in die Klassen I, II, III, IV oder Kategorien A, B, C, D ein und legen dabei die Geschäftsprozesse und Durchführungstiefe des Projektmanagements fest.

Ein *A-Projekt* bedeutet in der Regel hohe Auftragsvolumina in Bezug zum Geschäftsumfeld, hohe Risiken, verteilte Projektteams, viele Vertragspartner, komplexe Abwicklung, Internationalität, innovative und neue Technologien usw. Meist werden diese Projekte mit dem Attribut „groß" versehen. Die Kriterien zur Klassifizierung werden durch die Organisation festgelegt.

Unter einem *D-Projekt* versteht man meist ein „Standard-Bauteilgeschäft" (manchmal auch etwas irreführend „Ersatzteilgeschäft" genannt). Dieses Geschäft ist weitestgehend standardisiert, mit geringen Risiken und überschaubaren Inhalten. Wenige Projektmitarbeiter sind involviert, vom Auftragnehmer wird ein geringer Anteil an Integrationsleistung erwartet. Diese Projekte werden oft als „klein" bezeichnet, auch wenn dies keine ausreichende Typisierung des Projekts darstellt.

Mehr über die Einteilung in die Projektkategorien findet sich zum Beispiel bei Burghardt oder bei Jankulik.

Doch bei der Projektkategorisierung ist auf jeden Fall Vorsicht geboten: Finanziell kleine Industrie- oder Softwareprojekte, z. B. von einigen hunderttausend Euro, können aufgrund der besonderen Brisanz, des schwierigen Kunden- oder eines nominierten Subunternehmerverhältnisses (d. h. der Auftraggeber akzeptiert nur von ihm nominierte Subunternehmer), der kritischen Gesetzeslage oder der exotischen Kultur und Sprache unter Umständen schwieriger abzuwickeln sein als ein vom Auftragsvolumen „hundertmal" größeres Projekt, das eine Serienproduktion im Inland mit einem jahrelang bekannten Kunden betrifft.

Am Anfang des Projekts steht oft ein Wunsch, ein Bedarf, eine Notwendigkeit, die definiert werden muss, es findet die Phase einer so genannten *Ideenfindung* statt (Bild 3.3). Bereits in dieser Phase ist es wichtig, sich über die Art eines Projekts und über mögliche Einflüsse auf das Projekt Gedanken zu machen. In dieser Phase geschieht auch bereits eine erste grobe Aufgliederung des Projekts in Prozesse. Diese kann zum Beispiel entsprechend den bei Jankulik beschriebenen einzelnen Geschäftsprozessphasen mit Meilensteinen und dem Aufbau der erforderlichen Projektdokumentation erfolgen.

> *Der Prozess beschreibt das eigentliche Vorgehen mit der*
> *Aufschlüsselung in Arbeitspakete, welche zu festgelegten*
> *Meilensteinen mit definierten Abläufen genau erreichen sind.*
> *Das Projektergebnis ist dann das Produkt.*

3.2.4 Projektphasen und Projektinhalte

Projektphasen sind einzelne, aufeinander folgende zeitliche Projektabschnitte. Die einzelnen Phasen sind durch *Meilensteine* getrennt. Für den Auftragnehmer ist die Entscheidungsfindung für die Abgabe eines verbindlichen Angebotes (*Bid* oder *No Bid*) von immenser Bedeutung. Im

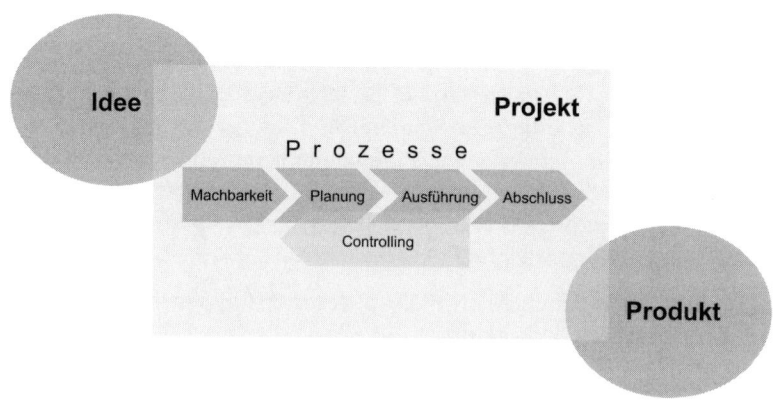

Bild 3.3
Idee – Projekt – Prozesse – Produkt

3 Einführung in das Claim Management

Rahmen der *Projektkategorisierung* werden das Projekt und die Freigabe des Angebotes an den jeweiligen Geschäftsverantwortlichen gebunden – das kann auch die Geschäftsleitung sein. Dieses *Festlegen der geschäftlichen Verantwortung* für ein Projekt beinhaltet implizit die unternehmensinternen *Eskalationsstufen* für Entscheidungen, die außerhalb des Kompetenzbereiches des Projektleiters liegen.

Im Anschluss an das Festlegen der Geschäftsverantwortung erfolgen die *Vertragsverhandlungen*, die – sofern erfolgreich – in einen *Letter of Intent* (LOI) und schließlich in einen Vertragabschluss mit dem Kunden münden. Alle Schritte bis zum Vertragabschluss werden im Geschäftprozessmodell als *Akquisitionsphase* bezeichnet (vgl. Jankulik Seite 198), unmittelbar daran schließt sich die *Abwicklungsphase* an, die in der Regel mit der Projektübergabe zwischen Akquisition und Projektleitung beginnt.

Im Anschluss daran starten die *Engineering-*, die *Einkaufs-* und die *Fertigungsphase* des Projekts.

Die *Fertigungsphase* wird in der Regel mit dem Factory Acceptance Test (FAT) einer Werksabnahme mit oder ohne Beteiligung des Auftraggebers abgeschlossen. Anschließend folgt der *Versand* der Systeme oder Komponenten bzw. des Materials zum Bestimmungsort. Nachdem Systeme, Komponenten, Material und Ressourcen auf der Baustelle eingetroffen sind, folgt die *Montagephase*. Der folgende Meilenstein wird meist als „Montage abgeschlossen" – Erection Completed – bezeichnet. Im Anschluss daran findet die *Inbetriebnahme* – Commissioning – statt, die mit den Systemtests (SAT, Site Acceptance Tests) und Leistungstests (Performance Tests) abschließt. Unmittelbar daran erfolgt meist die *Abnahme* durch den Auftraggeber, die den Beginn der Mängelhaftungszeit auslöst. Mit Abschluss der Mängelhaftungszeit ist auch das Ende der *Abwicklungsphase* im Geschäftsprozessmodell erreicht.

Mit der Abnahme beginnt für den Auftraggeber der kommerzielle Betrieb des Systems (Commercial Operation) und damit die *Betriebs-* und *Wartungsphase*. Diese Geschäftsprozessphase wird häufig als *Service* bezeichnet. Jankulik beschreibt auf Seite 186/202 diese Phasen und Meilensteine für seine branchenspezifische Ausprägung.

Der Projekterfolg wird bereits in der Angebotsphase gelegt.

Während der gesamten Projektlaufzeit können Änderungen auftreten. Sie sind Abweichungen vom Ursprungsvertrag, die zu vereinbarten und unstrittigen *Change Orders* führen, aber auch zu Ansprüchen, welche strittig sein können. Hier setzt das operative Claim Management ein.

Der Projektablauf ist mit dem Kunden bzw. dem Lieferanten abgestimmt und es wird der tatsächliche Projektfortschritt (Ist) gegenüber dem Soll gemessen. Das Soll ist Bestandteil des Vertrags.

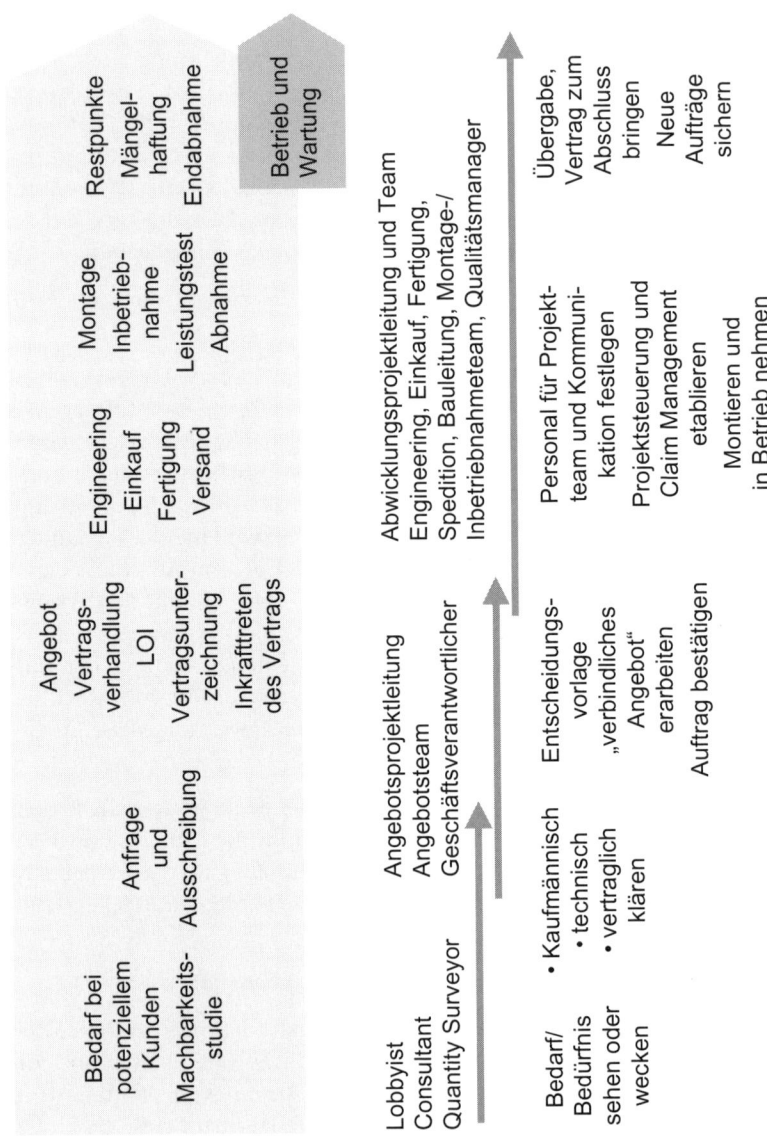

Bild 3.4
Die typischen Projektphasen

3 Einführung in das Claim Management

In Bild 3.4 sind – in stark verkürzter Form – die typischen Projektphasen dargestellt (nach Völkel).

Wesentliche Projektinhalte, also das Soll, sind im vertraglichen Liefer- und Leistungsumfang durch *Zeit* und *Kosten* (Kosten für den Auftraggeber = Preis) beschrieben (Bild 3.5). Die zu erzielende *Qualität* des Produkts, das *Projektergebnis*, ist ausschlaggebend für die im Rahmen des Vertrags zu erreichende Kundenzufriedenheit.

Nachträge, die nicht Bestandteil des Liefer- und Leistungsumfangs sind, werden gesondert beauftragt. An diesem Punkt beginnt die Interpretation des Vertrags:

- Ist der Nachtrag strittig?

- Gibt es vielleicht eine „Grauzone", die Interpretationen im Vertrag zulässt?

Hier sind wichtige Ansatzpunkte für das operative Claim Management.

Der Claim Manager ist in dieser Phase auf die Mitwirkung aller Projektbeteiligten angewiesen. Dementsprechend müssen alle Projektmitarbeiter bereits in einer frühen Projektphase auf den Vertragsgegenstand hin sensibilisiert werden. Die Abarbeitung der einzelnen Meilensteine wird zwischen Auftraggeber und Auftragnehmer festgelegt *(eingefrorener Ter-*

Bild 3.5
Die wesentlichen Projektinhalte

minplan) und die Lieferungen und Leistungen sind im Vertrag eindeutig zu regeln.

3.2.5 Betrachten von Risiken

Oft existieren bereits seit der Vorvertragsphase Risiken. Mittels *Risikomanagement-Verfahren* sind sie zu bewerten, dann fließen sie als *bewertetes Risikopotenzial* in die *Angebotskalkulation* (AK) ein. In der *Planungsphase*, unmittelbar nach Vertragsabschluss, erfolgt dann eine erneute Bewertung der Risiken und Chancen. Das Ergebnis dieser *quantitativen Risikoanalyse* wird in die *Auftragseingangskalkulation* (AEK) überführt.

Hinweis: Das Risikomanagement wird während der Projektabwicklung regelmäßig fortgeführt und das quantitativ bewertete Risikopotenzial in die *MIKA*, die *Mitkalkulation*, überführt. Das kann auch Claimpotenziale beinhalten, wie z. B. Forderungen vom Auftraggeber oder Lieferanten.

Bereits die Überführung der Angebotskalkulation in die Auftragseingangkalkulation (AEK) kann bei bewusster Verharmlosung der Risiken neue Risiken in sich bergen.

Welche weiteren Risiken sind das?

1. *Zeit*

   Unter „Zeit" ist nichts anderes zu verstehen als die Gefahr, nicht rechtzeitig, also vertragskonform, die festgelegten Termine zu erreichen. Häufig sind die Meilensteine (Milestones) pönalisiert, also mit vereinbarten Vertragsstrafen behaftet.

2. *Kosten*

   Finanzielle Risiken können beispielsweise durch Teuerungen gegenüber ursprünglichen Annahmen oder Preisangaben von Sublieferanten entstehen oder aus Wechselkursschwankungen, die bei Vertragsabschluss nicht kursgesichert wurden. Auch Sachmängel mit aufwändiger Nachbesserung, Neuentwicklungen und Mehrfachlieferungen können ein Projekt in die roten Zahlen führen.

3. *Liefer- und Leistungsumfang und Qualität*

   Die Qualität der eingesetzten *Arbeitskräfte* spielt eine ebenso große Rolle wie die Einhaltung des Liefer- und Leistungsumfanges und die Qualität des erzeugten Produktes. Der oft gemachte Fehler, aus Kostengründen die fachlich geeigneten Mitarbeiter nicht frühzeitig genug in dem Bedarf des Projekts entsprechender Anzahl einzusetzen, rächt sich immer in späteren Phasen des Projekts – spätestens zum Projektende. Was anfangs an zuwenig Personal im Projekt beschäftigt wird,

wird nicht selten zu spät vervielfacht, um den Termin zu halten. Damit steigt das finanzielle Risiko erheblich und es kommt in der Regel zu Kostenüberschreitungen.

Ein Risiko bedingt in der Regel das andere:
Zeitverzüge werden mit mehr Personal oder teuren
Liefermaßnahmen beziehungsweise Zukäufen ausgeglichen.

Es gibt natürlich noch weitere Risiken, von denen wir hier nur noch auf ein besonderes, fast immer vergessenes Risiko hinweisen wollen:

4. Das Kontinuitätsrisiko

Kontinuität bedeutet hier, dass es im Projektumfeld zu Veränderungen kommt, welche entscheidenden Einfluss auf den weiteren Ablauf haben können. Beispiele dafür sind:

– Der Staat, in dem das Projekt abgewickelt wird, ändert seine Politik.

– Der Einsatz eines bestimmten Materials wird zu einem Zeitpunkt während der Projektabwicklungsphase verboten (Beispiel: Asbest).

– Ein wichtiges Mitglied des Projektteams mit intimen Projektkenntnissen wechselt zum Vertragspartner.

– Die Projektleitung auf Seiten des Vertragspartners wird ausgewechselt und es erfolgt ein Paradigmenwechsel in der Gesinnung und Strategie der neuen Partner.

– Im Projekt wird die Stelle des Projektleiters ein- bis mehrfach neu besetzt und jedes Mal gehen dabei wichtige Information verloren.

3.2.6 Die drei wichtigen Prozesse im Rahmen des Claim Managements

Jedes Mal, wenn eine Änderung erfolgt, werden die ablaufenden Prozesse empfindlich gestört.

Prozesse sind zeitlich neben- oder nacheinander existierende
Abläufe, welche sich gegenseitig beeinflussen können und welche
gesteuert werden müssen.

Die drei nachfolgenden Prozesse unterstützen wesentlich die Ziele des Claim Managements.

1. Der *Controllingprozess* (der im Rahmen der Projektsteuerung stattfindet) hat die Aufgabe, einen Projektablauf auf Basis der vertraglich festgelegten Vorgaben – der *Baseline* – zu überwachen, Abweichungen von den Vorgaben zu erkennen und wenn notwendig gegenzusteuern.

Controlling kann unter Umständen als Anstoß des operativen Claim Managements gesehen werden, in dem dann die Ursachen der Abweichungen bewertet und zugeordnet werden.

Nach der Entscheidung, für ein Projekt anzubieten (Bid oder No Bid), werden unter anderem eine Grobplanung und eine Risikoanalyse durchgeführt. In den folgenden Projektphasen – von Planung, Engineering, Einkauf, Fertigung, Lieferung, Einrichtung einer Baustelle, Montage und Inbetriebsetzung der zu erstellenden Anlage bis hin zur Übergabe an den Auftraggeber – wird im Controllingprozess laufend ein Soll-Ist-Vergleich zwischen dem aktuellen Projektstatus und den Inhalten des geschlossenen Vertrages, der *Baseline*, durchgeführt. In den projektausführenden Unternehmen existieren Prozess- und Ablaufbeschreibungen, die detailliert jeden der für einen solchen Vergleich nötigen Prozessschritte beschreiben.

2. Über den ebenfalls während der Projektplanung festgelegten *Kommunikationsprozess* werden entsprechende Informationen von und zu den betroffenen Stellen bis hin zu den Entscheidern transportiert, um jede Abweichung vom Soll zeitnah zu melden.

3. Damit kann der eigentliche Change-Management- bzw. *Claimprozess* in die Wege geleitet werden. Ohne entsprechende Kommunikation im Projekt lässt sich kein effektives Claim Management realisieren, denn das Erkennen von Abweichungen ist die Basis für die weiteren Schritte. Jeder einzelne Mitarbeiter hat dabei seine spezielle Rolle und leistet einen wichtigen Beitrag.

Erst wenn alle während der Projektlaufzeit registrierten, eingeleiteten, durchgesetzten oder abgewehrten Claims abgearbeitet, die Verhandlungsergebnisse umgesetzt und die daraus resultierenden Restpunkte erledigt sind, kann das Projekt abgeschlossen werden.

Während der iterativ wirkende Controllingprozess immer wieder alle noch nicht abgeschlossenen Projektphasen durchläuft, wirkt der Claimprozess vorwärts in Richtung Projektende mit dem Ziel, das optimale Projektergebnis zu erreichen.

Der Claim Manager ist grundsätzlich für das Erfassen und Verfassen sowie die Verfolgung der korrekten Claimabwicklung verantwortlich und bei der Durchsetzung unterstützend tätig, es sei denn, er hat auch das Verhandlungsmandat.

Die bewerteten Claims werden in die Mitkalkulation (MIKA) eingestellt. Auch hier unterstützt je nach seinem Mandat der Claim Manager.

3.2.7 Die Vertragsanalyse beim Project Kickoff

Es ist empfehlenswert, zusammen mit Fachleuten und dem Projektkernteam im Rahmen des internen Project Kickoffs eine Vertragsanalyse durchzuführen. Denn nur wer den Vertrag mit allen Rechten, Pflichten und Bedingungen einschließlich dem Liefer- und Leistungsverzeichnis kennt, kann überhaupt Abweichungen vom Soll feststellen, welche die Basis des Change Requests oder des Claim Managements bilden.

Die Vertragsanalyse sollte bereits in der Angebotsphase und während den Vertragsverhandlungen durchgeführt werden, also vor Vertragsunterzeichnung. Die kritischen, riskanten Punkte sind festzuhalten und unterliegen dem Risiko- und Freigabeprozedere. Nach Vertragsabschluss wechseln meist die Projektteams, d. h. die Abwicklungsmitarbeiter steigen neu in das Projekt ein und verschaffen sich mittels der Vertragsanalyse einen Überblick über die vereinbarten Vertragsbedingungen. Aus diesem Grund ist unter anderem eine Vertragsanalyse zum Project Kickoff dringend erforderlich. Sie ist die Basis für das Claim Management und zeigt die Gestaltungsspielräume.

3.3 Die Projektorganisation als Teil der Linienorganisation, die Menschen im Projekt, ihre Rollen und ihre Verantwortung

3.3.1 Der Projektleiter als Unternehmer auf Zeit

In Industrieunternehmen können Projekte wesentliche Teile des Gesamtgeschäftes sein. Unternehmen, bei denen der wesentliche Teil des Geschäfts im Rahmen von Projekten erfolgt, bezeichnet man auch als *projektorientierte Unternehmen.*

In den Unternehmen unterschiedet man zwischen Linien- und Projektmanagement. Das *Linienmanagement* existiert in den Unternehmensgefügen als übergeordnete Leitung und als Werkzeug zur Abwicklung und Aufrechterhaltung von Geschäften, welche, wie hier beschrieben, auch Projekte sein können.

Das *Projektmanagement* besteht aus Vorgesetzten und Mitarbeitern, jedoch sind in der Regel die Projektleiter ihren Mitarbeitern nicht disziplinarisch vorgesetzt, sondern fachlich. Vorgesetzte managen; im Zusammenhang mit Projekten bedeutet *Managen*: Leiten von Mitarbeitern, Steuern von Partnern und Auftragnehmern, geschicktes Organisieren und Betreuen des Projektablaufs und seiner Prozesse sowie von Ressourcen, Finanzen usw.

- *Linienmanager* leiten zum Beispiel Abteilungen oder größere Bereiche im Sinne des General Managements, um konsequent die Schlüsselergebnisse zu erzielen, welche die Stakeholder erwarten.

- *Projektmanager* führen in einem finanziell und zeitlich begrenzten Rahmen ein Team, welches erst zusammengestellt wird, zu einem einmaligen Ziel: dem vertraglich vereinbarten Projekterfolg.

Ein Projekt ist ein zeitlich begrenztes Vorhaben zur Schaffung eines einmaligen Produktes oder einer Dienstleistung. Das Projekt hat einen eindeutigen Anfang und ein eindeutiges Ende, ist eingeengt durch Beschränkungen wie Personal und Finanzmittel und es unterscheidet sich von anderen Produkten oder Dienstleistungen durch seine Einmaligkeit.

Projekte unterscheiden sich in den Führungsmethoden der Projektleiter im Vergleich zu den Führungsmethoden des kontinuierlichen Liniengeschäfts bzw. der Linienorganisation. Das ist notwendig um eine einmalige, zeitlich und finanziell begrenzte und in seinen Ressourcen eingeschränkte Unternehmung wie ein Projekt zielführend abzuwickeln und zur Zufriedenheit der Stakeholder abzuschließen.

Zur *Mission* des Projektleiters gehört es unter anderen, die „Ressource Mensch", deren Mitarbeit zur Erreichung des Zieles notwendig ist, gemäß der geforderten projektspezifischen Eignung *(Skills)* auszuwählen, zu fordern und zu fördern.

Der Projektleiter entwickelt *Visionen* und Projektstrategien, mit deren Umsetzung die notwendigen Veränderungen zur Erreichung des Projektzieles herbeigeführt werden.

Außerdem hat der Projektleiter dem Team *Motivation* und Ansporn zu vermitteln. Er hilft ihnen, die notwendige Energie zu entwickeln, um den Erwartungen zu entsprechen und um mögliche politische, bürokratische und finanzielle Hindernisse zu überwinden. Für den gemeinsamen Erfolg von Linie und Projekt im Unternehmen muss der Mensch in seiner jeweiligen Rolle Beachtung finden.

Projekte sind typischerweise Teil einer Organisation mit ihren Linienstrukturen. Der Linienmanager und der Projektmanager brauchen sich gegenseitig. Die Zusammenarbeit funktioniert dann reibungslos, wenn alle Übergaben ordentlich durchgeführt – „geklärt" – und die jeweiligen Kompetenzen geregelt sind.

Aus Sicht des Projektmanagements unterstützt die Linie das Projekt: Sie stellt dem Projektmanager z.B. Stammpersonal und Experten zur Verfügung, sie regelt das Finanzwesen und die steuerliche Abwicklung im

Unternehmen und zu den Behörden hin und unterstützt durch juristischen Rat.

Je nach Art der gewählten Organisationsstruktur – linien- oder projektorientiert bzw. einer Mischung aus beiden *(Matrix)* – werden auch Personalaufgaben wie das Mitarbeitergespräch, das Führungsgespräch, die Förderung des Mitarbeiters oder Weiterbildung in der Linie oder im Projekt abgewickelt.

Die Linie ist praktisch der „Heimathafen" der Projektbeteiligten. Das Projekt ist der aktuelle Arbeitsplatz.

3.3.2 Empowerment

> *„Ein Projekt ist wie ein Unternehmen zu führen.*
> *Ein großer Teil unseres Geschäftes wird durch Projekte bestimmt.*
> *Nachhaltiges Projektmanagement ist für unser Unternehmen ein*
> *entscheidender Erfolgsfaktor."*

Solche und ähnliche Leitsätze geben uns Vorstände und Geschäftsführer mit auf den Weg. Aber um sie umsetzen zu können, braucht es auch entsprechende Kompetenzen und die ausreichende Übertragung von Verantwortung. Eine *Delegation of Power*, eine *Power of Attorney*, eben ein *Empowerment*.

Einem Unternehmen steht eine Person oder eine Gruppe von Personen vor: Vorstände, Unternehmer in persona, Vereine und so weiter. Wir wollen uns in diesem Kapitel auf eine besondere Art von Unternehmen festlegen: auf das Projekt.

Die erfolgreiche Abwicklung von Projekten setzt professionelles Projektmanagement voraus. Gefordert sind Menschen, die die entsprechenden Rollen beherrschen, das entsprechende Wissen und ausreichende Erfahrung mitbringen und somit die Funktion ausfüllen.

> *Dem Projekt steht in der Regel ein Projektleiter vor.*

Früher hatten Projektleiter bei Industrieunternehmen meist eine technische Vorbildung, heute haben auch kaufmännische oder rechtliche Ausbildungsanteile hohen Stellenwert. Der Projektleiter ist ein Mensch, welcher besondere Fähigkeiten mitbringen muss, um ein Projekt erfolgreich abwickeln zu können.

Die *Auswahlkriterien* für einen Projektleiter sind vielfältiger geworden; abgesehen von bekannten Voraussetzungen wie einer fundierten Berufsausbildung und je nach Projektkategorie entsprechender Projekterfahrung müssen weitere Aspekte berücksichtigt werden.

Zu den harten Faktoren zählen unter anderem die *Kenntnisse und Fähigkeit zur Interpretation und Umsetzung* des Vertrags, also einer Einverständniserklärung zweier oder mehrerer Parteien zur Schaffung eines „Produktes" in einem bestimmten Zeitraum an einer bestimmten Stelle zu den vertraglich vereinbarten Bedingungen. Hier stellen sich zum Beispiel die Fragen:

- Ist der Projektleiter in vertraglichen Belangen vorbereitet und wer in seinem Team kann ihn dabei unterstützen?

- Braucht der Projektleiter noch intensiven Grundlagensupport und Training im Contract Management?

- Gibt es eine Unterstützung von einer Rechtsabteilung oder Kanzlei im Contract Management?

- Braucht man Experten, weil es sich um einen Vertrag im Ausland handelt?

Der nächste harte Faktor ist die *Technik*:

- Kennt der Projektleiter die Technik im Projekt so weit, dass er die geforderte Tiefe mindestens ebenso beherrscht wie seine „Gegenspieler" von der Kundenseite?

- Muss technisches Spezialwissen nachgelernt werden oder wird die technische Projektmannschaft von Anfang an anforderungsadäquat aufgestellt?

Ein typisches Beispiel für komplexe Technik ist etwa ein Kraftwerksprojekt, in dem beispielsweise Kenntnisse des Maschinenbaus ebenso wie die der Leittechnik erforderlich sind.

Der Projektleiter wird jedoch nicht die gesamte technische Tiefe mit dem dazu gehörigen Detailwissen beherrschen müssen. Es kommt vielmehr darauf an, wie er die Teilprojekte delegiert und diese wiederum in ein Gesamtprojekt integriert.

Ein wesentlicher Beitrag zum Projekterfolg entsteht durch die angewendete Art der *Organisationsstruktur*: Ist sie linien- oder projektorientiert? Oder ist es eher eine Matrixorganisation?

Ganz wichtig dabei: Für den gemeinsamen Erfolg von Linie und Projekt im Unternehmen muss der Mensch in jeder seiner Rollen in der Linie und im Projekt ausreichende Beachtung finden!

- Es muss klar definiert sein, welche Befugnisse der Projektleiter von der Linie übertragen bekommt und in welcher Form er das Projektpersonal beeinflussen kann. Hier wird ein wesentlicher Beitrag zum Projekterfolg geleistet.

Ein weiterer Erfolgsfaktor ist die optimale Einstellung auf den *Ort der Projektabwicklung*: Es muss durchaus nicht immer der Heimathafen sein, viele Projekte werden im Ausland abgewickelt.

Der Projektleiter kann seinen Arbeitsplatz am Ort der Fertigung,
der Montage und Inbetriebnahme haben oder auch beim Kunden.
Er muss sich in fremde Kulturkreise einleben und sich in diesen
bewegen können.

- Er sollte sich mindestens in einer Fremdsprache in Wort und Schrift ausdrücken können. Ideal ist es natürlich, wenn er die Sprache des Gastlandes versteht und spricht (die natürlich nicht identisch mit der Vertragssprache sein muss). Er sollte auch über die wirtschaftlichen Umstände im jeweiligen Land informiert sein, denn gegebenenfalls müssen vor Ort Projekteinkäufe getätigt oder auch Unteraufträge vergeben werden.

- Er muss schließlich bereit sein, für eine bestimmte Projektlaufzeit in einer fremden Umgebung zu leben – unter Umständen von seiner Familie getrennt.

Nicht klar formulierte Verträge bieten im Falle von Vertragsstreitigkeiten Angriffsmöglichkeiten. Entweder können in solchen Fällen bei gütlicher Einigung den Verträgen Ergänzungen in Form von Change Orders angehängt werden oder es können Claims eingefordert werden – beidseitig!

Hier kommt es auf die projektspezifische Claimstrategie an, ob moderat, ob offensiv oder ob präventiv vorgegangen werden soll, aber auch auf die übergeordnete Geschäftspolitik, welche von der Linie – in der Regel von der Geschäftsleitung – vorgegeben wird und welche durchaus staatspolitischen Charakter haben kann.

Hier wird deutlich, wie sehr der Projektleiter auch von politischen, finanziellen und kulturellen Einflüssen in seiner persönlichen Entscheidung eingeengt werden kann. Aber ebenso ergeht es seinem Gegenüber: dem Projektleiter seines Vertragspartners!

Das bedeutet nichts anderes, als dass der Projektleiter seinen Spiegel auf der anderen Seite – Kunde oder Lieferant – wiederfindet. Auch hier sind es Menschen, die zur erfolgreichen Abwicklung des Projekts bestimmte Rollen ausfüllen.

Je eher diese Erkenntnis gegenwärtig ist und je mehr Verständnis der anderen Seite entgegengebracht wird, desto eher werden manche Aktionen transparent gemacht und desto eher wird Streitigkeiten aus dem Weg gegangen. Das ist auch die Strategie für das Projektziel. Es muss sich an dem bestmöglichen erzielbaren Ergebnis auf einer gemeinsamen Grundlage ausrichten, welche eine zukünftige positive Zusammenarbeit zum gegenseitigen Vorteil ermöglicht.

3.3.3 Der Geschäftsverantwortliche

Der Projektleiter ist für sein Projekt verantwortlich. Er soll vom jeweiligen Geschäftsverantwortlichen nicht nur ernannt werden, sondern mit diesem auch einen *Projektleitervertrag* vereinbaren. Nur so können Pflichten wie die wirtschaftlich und technisch korrekte Ausführung der Lieferungen und Leistungen gemäß dem Außenvertrag – also dem Vertrag zwischen Kunde und Auftragnehmer – oder die personelle Verantwortung für das Projektteam für die Projektlaufzeit auf den Projektleiter übertragen werden. Aber auch Rechte wie die *Beanspruchung vereinbarter, eingeplanter Ressourcen* oder *Incentivemaßnahmen* zur Motivierung von Mitarbeitern sind vorab festzulegen.

Der Projektleiter wird damit zum Unternehmer auf Zeit.

Was aber, wenn das Projekt in eine vom Projektleiter nicht oder nur teilweise zu verantwortende Schieflage gerät? Wer trägt dann das Risiko?

Natürlich in erster Linie der Geschäftsverantwortliche, in dessen Auftrag das Projekt abgewickelt wird. Eine kritische Situation kann aber auch das Ende einer Karriere als Projektleiter oder in bestimmten Rechtsräumen eine Kündigung nach sich ziehen. Hier greift der Eskalationsprozess, der Entscheidungen, welche die Kompetenzen des Projektleiters überschreiten, an die nächste Instanz (meist der Geschäftsverantwortliche) überträgt.

3.3.4 Der kaufmännische Projektleiter

Studien aus den USA zum Erfolg abgewickelter Projekte zeigen, dass etwa sieben von zehn dieser Projekte die definierten Projektziele nicht erreichen. In vielen Fällen liegt die Ursache sicherlich bereits im Vorfeld, wo erkannte Risiken zu wenig beachtet wurden und meist keine *Risikomanagementstrategie* ausgearbeitet wurde. Es ist die Aufgabe des kaufmännischen Projektleiters, die vertragliche Abwicklung in Bezug auf die Projektziele Zeit, Kosten und Liefer-/Leistungsumfang (Scope) ständig zu kontrollieren, den geplanten Sollzustand mit dem errechneten oder beobachteten, aktuellen Ist-Zustand zu vergleichen, auf Abweichungen einzugehen und gegenzusteuern.

Risiken, welche bereits in der Vorvertragsphase richtig interpretiert wurden, können den Projekterfolg durchaus steigern, sieht man sie als Chancen zu einer Verbesserung des Projekterfolges. Sie unterliegen während des gesamten Projektverlaufes einem ständigen Controlling, was dann sowohl einer Steuerung als auch einer kontinuierlichen Kontrolle des Ist-Zustandes gleichkommt (vgl. Schreckeneder).

Jede Abweichung vom Soll ist zu dokumentieren und dem *Änderungsmanagement* zuzuleiten. Für das Risiko- und das Änderungsmanagement ist in erster Linie der Projektleiter verantwortlich, er wird aber die Detailbearbeitung, abhängig vom Projektumfang, möglicherweise an Spezialisten delegieren. So auch die *Mitkalkulation* und das *Earned Value Management*, also den jeweils erreichten Grad der aufgelaufenen Kosten in Bezug auf den Grad der Fertigstellung des Projekts und die entsprechende Vorausschau auf das Projektende.

Oft nimmt der kaufmännische Projektleiter übergreifend auch andere Tätigkeiten wahr, etwa aus dem Controlling, dem Claim Management, der Buchführung oder der Zollabwicklung. Oder er ist erste Anlaufstelle für alle vertraglichen Belange. In diesem Buch wollen wir uns jedoch vorrangig auf das Claim Management konzentrieren.

3.3.5 Der Projektleiter, sein Team und seine Partner

Ein nicht zu vernachlässigender Hebel eines erfolgreichen Projektmanagements ist die Auswahl und Verfügbarkeit von Mitarbeitern zur bestmöglichen Besetzung des Projektteams und aller weiterer Funktionen.

Mit Sicherheit ist die optimale *Teambesetzung* im notwendigen Zeitraum nicht einhundertprozentig verfügbar. Dann ist es die Aufgabe des Projektleiters, jeden dem Projekt zur Verfügung stehenden und eingesetzten Mitarbeiter (bzw. Mitarbeiterin) für die jeweilige Aufgabe optimal vorzubereiten und einzusetzen.

Wird der Projektleiter vor die Entscheidung „make or buy" gestellt, die nicht nur die Fertigung von Produkten für die zu errichtende Anlage betreffen kann, sondern im weiteren Sinn auch Verträge mit Partnern oder Zulieferern oder die Personalakquisition von außerhalb der projektführenden Abteilung, so stehen dem Projektleiter in den meisten Fällen der *Einkäufer* oder eine *Einkaufsberatung* und eine *Rechtsberatung* für Vertragsabschlüsse zur Verfügung.

Ebenso wie das Risiko- und das Änderungsmanagement ist das *Berichtswesen* im Projekt von hoher Bedeutung; jede Besprechung muss bezüglich Inhalt, Zeitpunkt und Teilnehmerkreis geplant und das Ziel benannt werden.

An die *soziale Kompetenz* eines erfolgreichen Projektleiters, sein diplomatisches Geschick und sein Gespür für das Wesentliche besteht ein hoher Anspruch. Seine Gesprächspartner können leitende Funktionen in Politik und Wirtschaft ausüben; sie können Entscheider sein, aber auch Fachleute aus technischen Bereichen oder des Rechts. Es kann sich um Vorgesetzte ebenso handeln wie um Mitarbeiter, um Verbände, um Umweltschutzbeauftragte oder -organisationen, um die Gewerbeaufsicht oder den Technischen Überwachungsverein. In Schadensfällen spricht er mit Vertretern von Versicherungen, bei Unfällen vielleicht sogar der Staatsanwaltschaft.

Für jeden Projektleiter muss es selbstverständlich sein, dass er sich mit seinem Umfeld auseinandersetzt. Das ergibt sich zum einen automatisch aus der Projektstruktur selbst, zum anderen ist die genaue Kenntnis seiner Umgebung, also seiner menschlichen Partner extrem wichtig für einen positiven Projektausgang.

Der oben genannte Projektcontroller ist ebenso wichtig wie der Qualitätsmanager.

Vom Projektleiter wird außerdem ein hohes *Qualitätsbewusstsein* erwartet. Je besser der Projektleiter sein Umfeld kennt, desto leichter kann er Risiken, Chancen, Fortschritte oder Hemmnisse erkennen und einschätzen und damit auch entgegensteuern, wenn etwas in die falsche Richtung läuft.

Qualität wird geplant, geleistet und geliefert, nicht in die Anlage hineingeprüft. Das funktioniert nicht.

Jedem Projektleiter ist ein gutes Team, ein freundlich gesonnener Vorgesetzter bzw. Geschäftsverantwortlicher und ein fairer Kunde zu wünschen. Gerät diese Idealvorstellung nur an einer Stelle aus dem Lot, ist eine Eskalation des Projekts mit möglicherweise negativem Projektergebnis zu befürchten.

Der Projektleiter kann nur im Zusammenwirken mit seinem privaten und persönlichen Umfeld, dem Projektkernteam und den anderen Projektmitarbeitern, den Partnern im Projekt sowie den Vorgesetzten, der Geschäftsleitung und der weiteren geschäftlichen Umgebung, aber auch mit dem Kunden in dessen Strukturen erfolgreich arbeiten. Und die Strukturen beim Kunden sind denen im eigenen Projektumfeld möglicherweise sehr ähnlich!

3.3.6 „Controlled Flight into Ground"

Einen Hauptfehler dürfen wir niemals begehen:

Alle zur Verfügung stehenden Kontroll- und Projektsteuerungsinstrumente werden regelmäßig bedient, aktuelle Werte eingegeben und von den Projektmanagementprogrammen verarbeitet und Kennzahlen oder Grafiken in Berichten festgehalten. Dennoch kommt es zu einer Bruchlandung: „Controlled Flight into Ground".

Was ist passiert?

Bestimmte Kriterien, welche einen erfahrenen Projektleiter längst alarmiert hätten, wurden zu spät wahrgenommen!

Denken wir an die Problemfelder, welche wir bereits im Bild 3.1 dargestellt hatten, und hier speziell an Problemfeld 3, die Realisierungsphase:

- Zu wenig PM-Wissen,

- zu geringe PM-Erfahrung und

- vereinfachende Annahmen.

So alarmiert den erfahrenen Kraftwerksingenieur zum Beispiel das ungewöhnliche Schwingungsverhalten eines Großlüftermotors, noch bevor dieser „durch die Decke die Maschinenhalle verlässt". Der erfahrene Projektleiter wird sich nicht auf vereinfachende Annahmen verlassen, sondern er wird seine aktuellen Beobachtungen mit eigener Erfahrung oder der gezielten Einholung wichtiger Erkenntnisse bei anderen Projektleitern verknüpfen und in sein Projekt einfließen lassen, noch bevor es zu erheblichen Abweichungen oder Ablauffehlern in der Projektabwicklung oder gar zu Schadensfällen kommt.

Er wird bereits bei ersten Anzeichen von Ungereimtheiten den Abweichungen zum Vertrag gegensteuern, die Ursachen und Auswirkungen solcher Abweichungen dokumentieren und der Strategie entsprechend kommunizieren. Dies wird bei größeren Projekten in der Regel von den dazu im Kernteam installierten Fachleuten wie den Projektsteuerern, den Teilprojektleitern oder den Claim Managern erledigt. Aufgabe der Projektsteuerer ist es dabei in der Regel, für den Projektleiter Informationen bezüglich Arbeitsfortschritt, Kostenkontrolle, Qualität und Mitkalkulation aufzubereiten. Außerdem überwachen und steuern sie die Projektabläufe entsprechend den vertraglich vorgesehenen Meilensteinen und informieren bei Abweichungen den Claim Manager.

3.4 Stakeholder im Projekt

3.4.1 Aufbau und Durchführung einer Stakeholderanalyse

Eine besondere Rolle im Rahmen eines Projekts spielen die Stakeholder. ISO 10006 definiert Stakeholder wie folgt:

Stakeholder eines Projekts sind alle (natürlichen oder juristischen)
Personen, die ein Interesse am Projekt haben
oder vom Projekt in irgendeiner Weise betroffen sind.

Erfahrene Projektleiter bilden sich bereits zu Projektbeginn zusammen mit dem Team und anderen Wissensträgern eine Meinung zu möglichen Stakeholdern.

Zuerst werden die natürlichen oder juristischen Personen – zum Beispiel das Umweltschutzamt – identifiziert, die mit dem fraglichen Projekt zu tun haben. Sie werden dann nach Bedeutung und Einfluss geordnet und ihre Position im Projektumfeld wird möglichst grafisch dargestellt. Welche Schritte zur Bestimmung der Identität und Interessenlage der Stakeholder nötig sein können, zeigt Bild 3.6.

Zur Identifizierung der wichtigen Stakeholder und deren Beziehung zueinander hat sich die Verwendung so genannter Stakeholder Identity Matrix Cards bewährt. Diese beinhalten neben Namen und Position zum Beispiel auch die eingenommene Rolle im Projekt, den tatsächlichen Aktionsort und – falls bekannt – irgendwelche „Beziehungskisten", aus welchen Rückschlüsse über das gegenseitige Kennen gezogen werden können.

Stakeholder werden *identifiziert, bewertet* und *dokumentiert* (ID-Matrix).

Stakeholder werden *geordnet* nach
*   Einfluss auf andere Stakeholder,
*   Entscheidungspotenzial finanziell, technisch, politisch etc.,
*   Einstellung zum Projekt (Gegner, Konkurrent, Befürworter, neutral…).

Stakeholder werden in ihrem Umfeld *angeordnet*
*   in der Lage im Projekt (z.B. PL oben),
*   in der Lage zueinander (z.B. TPL weiter unten),
*   in der Verbindung (z.B. als „Gruppe" zusammengefasst).

Stakeholder werden im „Strategieplan" *zueinander ausgerichtet*
*   Kommunikation ist stark, schwach oder nicht vorhanden,
*   Konflikte sind offensichtlich, schwelen oder sind unbekannt,
*   es stehen ein bis mehrere anderen Stakeholder im Weg.

Stakeholderanalysen werden im Projektverlauf regelmäßig aktualisiert.

Bild 3.6
Schritte zur Bestimmung der Stakeholder Identity

Name	Bert Koch (B)
Position in seinem Unternehmen	Technischer Leiter
Rolle im Projekt	Betreiber / Nutzer
Einstellung zum Projekt	lösungsorientiert
Sitz in	Betreiberfirma
Beziehungen zu	Betreiberkonsortium, externe Kunden

Name	Alfred Müller (A)
Position in seinem Unternehmen	Firmeninhaber
Rolle im Projekt	Konsortialführer
Einstellung zum Projekt	Entscheider
Sitz in	Firmensitz
Beziehungen zu	Unternehmensleitung Umweltschutz

Name	Dora Kaufmann (G)
Position in seinem Unternehmen	Business Development
Rolle im Projekt	Genehmiger, Sponsorenvertreterin
Einstellung zum Projekt	finanzorientiert
Sitz in	ABC-Bank
Beziehungen zu	Konsortium, Finanzbehörden

Name	Clay Stone (AAA)
Position in seinem Unternehmen	Subunternehmer von Firma Alfred Müller
Rolle im Projekt	Projektleiter am Aufbauort
Einstellung zum Projekt	Techniker; gesamtlösungsorientiert
Sitz in	Vor Ort im Projekt
Beziehungen zu	Kunden, anderen Firmen

Bild 3.7
Stakeholder Identity Matrix Cards

Eine mögliche Darstellungsart zeigt Bild 3.7. Die Matrix Cards sind natürlich beliebig erweiterbar. Darauf zu achten ist, dass die Eigenschaften „Rolle" und „Einstellung zum Projekt" (z. B. mangels Wissen über die Personen) oft nicht eindeutig voneinander trennbar bzw. eindeutig definierbar sind. Auch wenn zum Beispiel „Techniker" oder „Entscheider" eigentlich Rollen sind, so können sie sehr wohl in einer Einstellung zum Projekt münden („hier entscheide ich" oder „die Technik muss stimmen").

Die Erkenntnisse aus der Analyse der identifizierten Personen und weiterer Umstände im Projektumfeld werden anschließend grafisch dargestellt, die Schlüsselpersonen werden durch Hinzufügen der Identity Matrix Cards in dieser Darstellung genau charakterisiert und räumlich angeordnet (Bild 3.8): Wenn Personen anderen beispielsweise kommunikativ im Wege stehen, werden diese „Störer" in die direkte Kommunikationslinie geschoben. Konflikte werden ebenso durch besondere Pfeile gekennzeichnet wie Zusammengehörigkeiten von Interessen.

Wir wollen Sie hier zu einer zu einem konstruierten Gedankenmodell einladen (siehe Bild 3.8):

Bestimmte Personen üben bestimmte Rollen in verschiedenen Positionen aus. Sie sind definierten Umgebungssystemen zugeordnet. Jede dieser Personen hat eine persönliche Meinung und bildet gleichzeitig als Mitglied einer Gruppe eine übergeordnete, projektbezogene Gesamtmeinung mit.

Wir unterscheiden die Gruppe der Auftragnehmer (A), die Gruppe der Betreiber (B) und den Geldgeber (G).

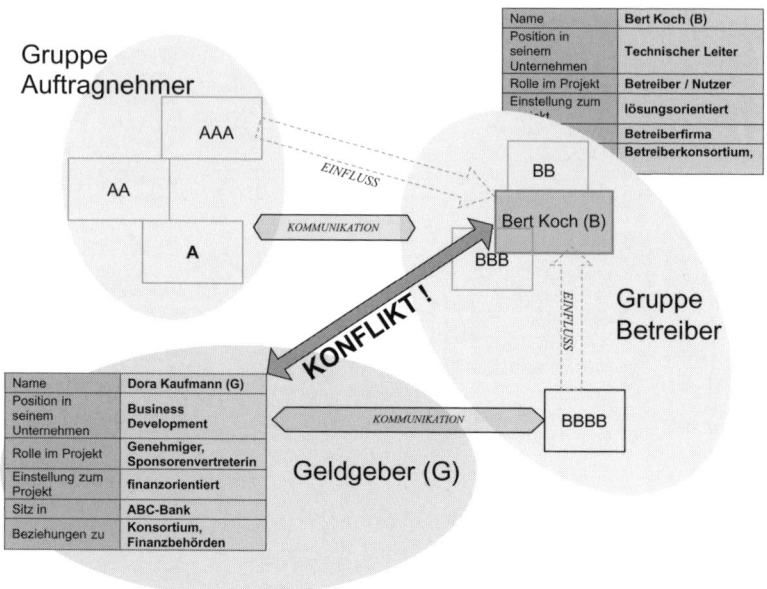

Bild 3.8
Eine einfache Stakeholderanalyse

Die abgebildeten Gruppen stehen als Systeme zueinander in Beziehung. Sie beeinflussen sich entweder durch ihre geschäftliche Beziehung zueinander oder vertragsbedingt oder durch persönliche Kontakte einzelner Personen. Das können positive Beeinflussungen sein, aber auch Konflikte. Konflikte, welche beispielsweise eine Gruppe und damit möglicherweise ein „System" beeinflussen.

Solche Einflüsse können ebenso politische Gesinnung, Streben nach persönlicher Macht, Rücksichtslosigkeit, zu sehr auf Technik oder Geld ausgerichtetes Denken sein wie politische Gesinnung oder kulturelle Unterschiede.

Der dargestellte Fall zeigt einen Konflikt zweier Personen aus unterschiedlichen Systemen sowie die daraus resultierenden möglichen weiteren Konflikte:

Eine Industrieanlage wird durch eine aus AN (Auftragnehmer) und DL (Dienstleister) bestehende Auftragnehmergruppe montiert. Der Auftragnehmer Alfred Müller (A) steht in einem Vertragsverhältnis mit dem Nutzer und Betreiber B, vertreten durch Bert Koch, sowie mit Clay Stone als Montagedienstleister. Geldgeber (G) ist die ABC-Bank, vertreten durch Dora Kaufmann.

Als Betreiber wünscht der sehr technisch orientierte Bert Koch nur das beste Material, ohne viel auf die Kosten zu achten, was der Geldgeber nicht zulässt und was in der Folge zum Konflikt zwischen den beiden Personen führt (wohl gemerkt: nicht zwischen der ABC-Bank und der Betreiberfirma!). Dieser Konflikt wird dabei nicht direkt, sondern über das Sekretariat von Bert Koch (BBB) ausgetragen, im Bild als Hindernis im Konfliktpfeil angedeutet.

Die Auftragnehmergruppe hält normale, geschäftliche Kommunikation mit der Betreibergruppe aufrecht, jedoch führt die langjährige Bekanntschaft (welche letztlich zur Beauftragung des Dienstleisters Clay Stone durch Alfred Müller führte) zu einer Beeinflussung des technikverliebten Bert Koch, die dadurch entsteht, dass Clay Stone laufend neue Geräte vorschlägt. Zwischen Gruppe A und Gruppe B handelt sich um einen Vertrag nach Zeit und Aufwand, weswegen A kein besonderes Interesse an der Fertigstellung hat. B hat jedoch einen Finanzierungsrahmen einer staatlichen Einrichtung, welchen Dora Kaufmann als Vertreterin des Geldgebers, der ABC-Bank, nicht ausufern lassen will.

Nachdem wegen des vorgeschalteten Sekretariats keine direkte Aussprache der Vertreter von G und B erfolgt, sucht G den Kommunikationskanal über eine andere Stelle des Betreibers, welche Bert Koch zu kostenbewusstem Handeln beeinflussen soll. Sollte das Hindernis (Sekretariat BBB) zwischen Bert Koch und Dora Kaufmann zu beseitigen sein, wird die Stakeholderanalyse grafisch korrigiert, also das symbolische BBB-Kästchen aus dem Konfliktweg verschoben, der Kommunikationsweg frei.

Soweit diese beispielhafte Geschichte, welche im Vergleich zum wirklichen, oft viel komplexeren Projektalltag noch relativ einfach ist.

Was wollen wir damit zum Ausdruck bringen?

> *Eine simple Skizze mit den Erkenntnissen einer Recherche, einer Befragung oder aus anderswoher bekannten „Beziehungskisten" zeigt einfach und zielgerichtet die Interessen, das „Anteilhaben" am Projekt und dessen Umfeld.*

Genauso gut hätte ein Personenkonflikt zwischen Dora Kaufmann und der Sekretärin von Bert Koch den Konflikt hervorrufen können, welcher letztendlich dem Projekt geschadet hätte, und Bert Koch hätte den „Geiz der ABC-Bank" niemals verstanden.

3.4.2 Zwei Beispiele einer Stakeholderanalyse aus der Praxis

Das war sehr einfach und konstruiert. Hier aber zwei leicht abgewandelte Beispiele aus der Praxis, die sich so ähnlich tatsächlich zugetragen haben und welche Sie veranlassen sollen, immer nach dem „Warum" zu fragen!

- *Beispiel „Kraftwerksprojekt im Nahen Osten"*

  Im Nahen Osten wurde als Projekt ein Kraftwerk mit zugehöriger Schaltanlage und Energieübertragungsleitung ausgeschrieben. Auftraggeber war der Staat unter beratender Hilfe eines ausländischen Consultants. Der Gesamtauftrag wurde entgegen der ersten Absicht aufgeteilt und auf die drei günstigsten Anbieter vergeben: Eine inländische und zwei ausländische Firmen. Ziel des Projektes war es, die erzeugte elektrische Energie ins reiche Nachbarland zu verkaufen, was dem Staat dringend benötigte Devisen einspielen sollte.

  Anlässlich eines Projektaudits beim Auftragnehmer der Schaltanlage stellte sich eine signifikante Differenz zwischen dem Liefer- und Montagefortschritt und den vom Auftraggeber geleisteten Abschlagszahlungen heraus. Der Auftraggeber begründete nicht geleistete Zahlungen mit einer fehlenden Lieferung, welche im Gesamtsystem große Wichtigkeit hatte: dem Hochspannungstransformator, der die erzeugte Energie zum verlustloseren Transport über die Freileitung in Hochspannung umwandeln sollte. Finanziell handelte es sich um ein Teil von etwa 15% der Gesamtschaltanlage. Montageaufwandsmäßig ging es um ebenfalls einen Bruchteil des Gesamtauftrages.

  Um das Niedrigpreisniveau des Angebotes halten zu können, hatte sich die Projektleitung in der Make-or-buy-Entscheidung für eine ausländische Firma zur Trafofertigung entschieden, obwohl sie eine Kernkompetenz des eigenen Unternehmens gewesen wäre, nur eben preislich nicht konkurrenzfähig. Alle Vorgaben gingen an den Lieferanten, unter anderem auch die zugrunde gelegten Normen. Der Consultant des Auftraggebers, welcher auch für die Ausschreibung verantwortlich gewesen war, bestand bei der Werksabnahme auf der Einhaltung der ursprünglichen nationalen Normen und forderte ein Vergleichsgutachten, was die Auslieferung um drei Monate verzögerte.

  Um aber den allgemeinen Baufortschritt – vor allem der anderen beiden Auftragnehmer – nicht zu gefährden, wurden trotz Zahlungsdefizit des Auftraggebers alle möglichen Arbeiten zum Teil provisorisch abgewickelt. Der Baufortschritt des Kraftwerks ging zügig voran, nur die Mastsetzung des Freileitungsanteiles erwies sich als bedeutend schwieriger, als es von dem betreffenden Auftragnehmer erwartet wurde. Doch das störte den Auftraggeber anscheinend nicht, denn er brauchte diese gar nicht, solange kein Strom geliefert werden konnte! Das Gesamtprojekt machte jedoch letztendlich nur Sinn, wenn Strom verkauft wurde.

Es stellte sich bei Recherchen durch den Auftragnehmer der Hochspannungsschaltanlage heraus, dass der für den Freileitungsbau verantwortliche Unternehmer ein Verwandter des Trafoherstellers war, der durch Ausnutzung der Schwachstelle in der Schaltanlagenprojektabwicklung „Einhaltung der geforderten Norm" zeitlichen Vorteil erzielte. Man könnte diesen Umstand als *Concurrent Delay* (vgl. Kapitel 5.10) bezeichnen, denn der geahndete Verzug bezog sich auf den Liefergegenstand „Transformator" und die Verzugsstrafe sollte vom Auftragnehmer der Freileitungsanlage auf den Auftragnehmer der Hochspannungsschaltanlage als die solventere Firma abgewälzt werden. Diese Erkenntnis veranlasste die Projektleitung der Schaltanlagenfirma zu einer intensiven und erfolgreichen Bemühung um den Normenvergleich und damit zur erfolgreichen Werksabnahme. Der entstandene Lieferverzug konnte außerdem durch beschleunigende Transport- und Montagetätigkeiten auf ein Minimum reduziert werden. Von einer Verantwortung Gesamtverzug blieb der Schaltanlagenlieferant entbunden.

• *Beispiel „Triebzüge in Amerika"*

Ein mitteleuropäischer Hersteller von elektrischen Triebzügen hatte seit Jahrzehnten keinen Auftrag in Amerika mehr erhalten und konnte sich diesen Umstand nicht erklären. Er beauftragte einen Lobbyisten, welcher sich im amerikanischen Bahngeschäft gut auskannte und der nach einem Jahr zu folgenden Ergebnissen kam: Die beiden abwechselnd bevorzugten Konkurrenten der Mitteleuropäer lieferten keine besondere Qualität, was der Betreiber zwar bemängelte, aber aufgrund der niedrigen Angebotspreise nicht ernsthaft beanstandete. Immer boten die beiden Auftragnehmer kostenpflichtige Verbesserungen oder Komponententausch an. Zusätze waren bei den Billigangeboten ebenfalls ausgeschlossen.

Beide Firmen hatten ein sehr gutes Verhältnis mit dem Financial Controller des Betreibers. Der technisch verantwortliche Manager der Betreiberfirma befand sich wegen seiner Aufgeschlossenheit gegenüber technischen Fortschritts in einem heftigen Konfliktfeld mit der stellvertretenden Leiterin der Betreiberfirma und der Generaldirektor wollte in die Politik wechseln, er kümmerte sich somit mehr um Image und Außenwirksamkeit.

Die bevorzugten Lieferanten hatten außerdem wegen einer latenten „Claimgefahr", welche von den Mitteleuropäern ausgehen sollte, den für die Finanzen verantwortlichen Controller gegen den ungeliebten und bisher so wirksam abgeschirmten mitteleuropäischen Konkurrenten beeinflusst. Der eigentliche Entscheider trat diese Macht an die Stellvertreterin ab und diese schob die Gefahr von möglichen Claims in enormer Höhe (welche niemals beziffert wurden) bei den Vergaben immer in den Vordergrund.

Was war die Lösung?

Die Mitteleuropäer gaben für die neueste Ausschreibung ein Angebot ab, welches bei erster Betrachtung zwar preismäßig über den Konkurrenten lag, aber durch die Qualität des Materials überzeugte. Doch das war nicht der Grund der späteren Beauftragung: Es wurde zwischen Auftraggeber und Auftragnehmer neben einem sehr hohen lokalen Fertigungsanteil, der Sicherung der Arbeitsplätze im Wahlsprengel des Generaldirektors versprach, eine Abstandnahme von Claims vereinbart.

Ist das möglich, werden Sie nun fragen, ohne dass dabei ein enormes Risiko eingegangen wurde?

Es war möglich, denn ähnlich wie bei FIDIC-Verträgen (siehe Glossar) wurde ein Leitkreis gebildet, der aus Entscheidern beider Vertragspartner und einem weiteren, externen Berater bestand. Sämtliche Änderungen zum Ursprungsvertrag wurden gemeinsam besprochen, zeitnahe Entscheidungen herbeigeführt und umgesetzt. Vertraglich gab es somit keine strittigen Änderungen, da immer beide Parteien zustimmten, mag es um Kosten, Zeitverschiebungen oder Materialanteile gegangen sein. Mit diesem Konzept hatten die Mitteleuropäer ihren amerikanischen Vertragspartner nachhaltig für sich gewonnen.

Im sechsten Kapitel werden wir die Wichtigkeit solcher Stakeholderanalysen im Zusammenhang mit der Claimstrategie sehen. Gerade weil sich durch Veränderungen im Projekt oder in dessen Umfeld auch Strategien ändern (können), sollte die Stakeholderanalyse regelmäßig als Hilfsmittel zur Strategiebildung aktualisiert werden.

Nebenbei bemerkt – der Unterschied zwischen Stakeholder und Shareholder ist denkbar einfach:
Stakeholder nehmen Anteil an einem Vorhaben und bereichern beispielsweise dadurch auch die Volkswirtschaft aufgrund abgeführter Steuern, geschaffener Arbeitsplätze und dergleichen mehr, wogegen der Shareholder ein Anteilseigner an einer Unternehmung ist.

Wie Sie sicherlich schon bemerkt haben, legen wir in diesem Buch viel Gewicht

- auf das richtige Verständnis des Projektmanagers und des Projektteams für die Prozesse in Projekten,

- darauf, welche Rollen für einen optimierten Ablauf des Projektmanagements zu besetzen sind – vielleicht muss ein Projektteammitglied sogar „mehrere Hüte tragen",

- und darauf, wie nach dem Feststellen einer Abweichung vom Vertrag reagiert werden sollte.

Doch damit dieser letzte Punkt richtig gelingt, müssen die Betroffenen „ihren" Anteil an der Umsetzung des Vertrags kennen!

4 Contract Management

Das gemeinsame Verständnis der Vertragsinhalte ist für die
Projektbeteiligten von höchster Priorität.

In diesem Kapitel werden die Abläufe von der Anfrage bis zum wirksamen
Vertrag dargestellt. Von besonderer Bedeutung sind hierbei die *Vertrags-*
arten und *Vertragsinhalte*. Die Geschäftsentscheidung zur Erstellung und
Freigabe eines Angebotes obliegt dem Geschäftsverantwortlichen. Der
Projektleiter und sein Projektteam sind gemeinsam verantwortlich für die
Zusammenführung der Projektinhalte zur Angebotserstellung, also das Zusammenführen von vielen Einzel- und Detailinformationen aus den Fach-
abteilungen und Bearbeitungsteams in ein zusammenhängendes, in sich
konsistentes abgabefähiges Angebot. Das *Zusammenführen des Projekts* ist
eine besondere Herausforderung, denn neben dem fachlichen Know-how
erfordert es auch sehr gute Kenntnisse im Vertragswesen, um Fallstricke
und unangemessene Forderungen zu erkennen.

Die Grundlagen für den Projekterfolg werden größtenteils in der Angebotsphase geschaffen, die Risiken aus den Verträgen sollen beherrschbar und
das Projekt transparent sein. Die im Folgenden vorgestellten Methoden
sollen dem Projektleiter und seinem Projektteam helfen, Verträge inhaltlich zu verstehen und zum richtigen Zeitpunkt die richtigen Beteiligten
einzubinden und die richtigen Verfahren anzuwenden. Eine wichtige
Rolle nimmt hierbei der Contract oder Claim Manager ein.

4.1 Der Weg von der Anfrage bis zum Inkrafttreten des Vertrags

Zunächst steht am Anfang eines Projekts eine *Anfrage* durch einen Kunden oder ein Interesse desselben an Produkten und Dienstleistungen des
Unternehmens. Daraus entwickeln sich die ersten *Vertriebsgespräche*, die
in eine Anfrage durch den potenziellen Kunden münden. Die folgende
Aufforderung zur Abgabe eines Kostenvoranschlages mit Leistungsbeschrei-
bung oder eines Angebotes kann mündlich oder schriftlich erfolgen und ist
rechtlich unverbindlich und nicht formgebunden. Häufig wird in diesem
Zusammenhang von *Ausschreibungsunterlagen* gesprochen. Die Entschei-

dung, ob ein Angebot erstellt wird oder nicht, liegt in der Regel beim Geschäftsverantwortlichen, denn nicht jedes Angebot und nicht jedes Projekt sind für das Unternehmen sinnvoll (Bid/No bid). Die entsprechende *Anfragebewertung* unterliegt deshalb Kriterien wie z.B. der Attraktivität des möglichen Projekts – Volumen, Marktsegment, Risiken, Folgegeschäft – und der Auftragswahrscheinlichkeit. Fällt die Entscheidung für „Bid", dann wird durch das Angebotsteam ein Angebot erstellt.

4.1.1 Das Angebot

Das Angebot ist im rechtlichen Sinn
ein Antrag auf Abschluss eines Vertrags.

Dieses Angebot kann mündlich oder schriftlich abgegeben werden, es unterliegt keinem Formzwang. Häufig übermittelt der potenzielle Auftraggeber (AG) die formalen Anforderungen an die inhaltliche und strukturelle Form des Angebotes als Bestandteil der Ausschreibungsunterlagen. Falls nicht, gliedert sich das Angebot meist in einen technischen – detaillierte Liefer- und Leistungsbeschreibung – und in einen kommerziellen Teil – detaillierte Beschreibung der kaufmännischen, rechtlichen und finanziellen Aspekte.

Im internationalen Geschäft wird meist zwischen den folgenden Aufforderungen zur Angebotsabgabe unterschieden (Fleming, PMBOK®):

- *Request for Quotation (RFQ)*

  Abgabe eines Preises pro Stunde, Komponente oder Einheit

- *Request for Proposal (RFP)* oder *Request for Tender*

  Abgabe eines Preises mit detaillierter Liefer- und Leistungsbeschreibung

- *Invitation for Bid (IFB)* oder *Invitation to Tender*

  Abgabe eines Preises für die gesamte zu erbringende Lieferung und Leistung

Völlig unabhängig davon, welcher Art die Aufforderung zur Leistungsabgabe ist, gilt:

Es ist empfehlenswert, die geforderten, einheitlichen Vorgaben
für die Auftragnehmer (AN) zur Angebotsabgabe einzuhalten,
um nicht aus formalen Gründen aus dem Bieterkreis ausgeschlossen
zu werden.

Mit dieser Vorgehensweise ist für den Auftraggeber eine leichtere Vergleichbarkeit der Angebote gegeben. Vor Abgabe des Angebotes an den

Auftraggeber ist es üblich, dass eine „interne Freigabe" durch die Geschäftsverantwortlichen (siehe Bild 5.8 Meilenstein „Angebotsfreigabe" bei Jankulik) erfolgt, denn ein abgegebenes Angebot ist grundsätzlich bindend. Folgende Ausnahmen sind jedoch möglich:

- *Unverbindliches Angebot*

  Die Angaben zu Preisen, Mengen und Terminen unterliegen keiner verbindlichen juristischen Zusage und können jederzeit geändert werden. Oft ist ein solches Angebot auch als *„freibleibend"* gekennzeichnet.

- *Befristetes Angebot*

  Die Angaben sind verbindlich, jedoch ist der Antrag auf Abschluss eines Vertrags zeitlich begrenzt, und zwar durch die Bindefrist des Angebotes. Innerhalb dieser Frist muss die Annahme erfolgen (vgl. § 148 BGB).

- *Verbindliches Angebot*

  Im Falle der Beauftragung muss das Angebot zu den beschriebenen Bedingungen realisiert werden.

Am häufigsten wird das *befristete Angebot* eingesetzt, das nur durch die rechtzeitige Annahme zum Vertragsschluss führt. Diese Vorgehensweise dient zum Schutz der eigenen Interessen. In der Praxis lassen sich aber, auch wenn es rechtlich möglich ist, nach Ablauf der Bindefrist z.B. aus geschäftsstrategischer Sicht die einmal kommunizierten Preise, Mengengerüste und Leistungen schwerlich noch verändern. Hierfür braucht man als Auftragnehmer schon gute Argumente.

4.1.2 Der Vertragsabschluss

Ein Vertrag kommt durch
übereinstimmende Willenserklärungen zustande.

Stimmt der Kunde einem verbindlichen Angebot uneingeschränkt zu, kommt es zum Vertragsabschluss. Dieser Vertrag kommt durch zwei übereinstimmende Willenserklärungen zustande und ist bindend. Dies kann mündlich oder schriftlich erfolgen, aus Gründen der Nachvollziehbarkeit und Beweissicherung ist die *Schriftform* zu bevorzugen.

„Bestellt" der Auftraggeber abweichend zum Angebot des Auftragnehmers, ist das wie ein neuer Antrag auf Abschluss eines Vertrages an den Auftragnehmer zu betrachten und es bedarf der Annahme durch diesen. Erst durch die Annahme des Auftragnehmers liegen zwei übereinstimmende Willenserklärungen und damit ein Vertragsabschluss vor.

Deshalb ist zu beachten, ob man sich in diesem Ablauf auf der *anbietenden* oder der *annehmenden* Seite befindet. Auf der annehmenden Seite kann bereits durch das eigene Handeln – z.B. durch Aufnahme von Enginee-ring-Arbeiten oder durch Leistung von Zahlungen – ein Vertragsabschluss zustande kommen, obwohl eine formale, schriftliche Annahme noch fehlt. Man nennt dies *konkludentes* oder *schlüssiges Handeln.*

Häufig sind an den Vertragsabschluss auch die *Liefertermine* gebunden, jedoch ist dies für den Auftragnehmer nicht immer vorteilhaft. Im Indus-trieumfeld sind die Investitionsvolumen sehr hoch und die damit verbun-denen Risiken wie z.B. *Vertragsstrafen für Terminverzug* enorm. Der Auf-tragnehmer ist dem Auftraggeber ab dem Zeitpunkt des Vertragsabschlus-ses zur Erfüllung des Vertrags voll verpflichtet. Vor diesem Hintergrund ist es entscheidend, den Vertragsabschluss vom Termin des Inkrafttretens zu entkoppeln. Ziel muss es daher sein, dass der Beginn der Lieferzeit oder Fristen und die damit einhergehende Abwicklung des Vertrags erst mit Inkrafttreten des Vertrags ausgelöst werden.

Bevor ein Vertrag in Kraft treten kann, sind durch den Auftraggeber/Auf-tragnehmer üblicherweise folgende vertraglichen Voraussetzungen zu erfüllen:

- Eröffnung eines *Letter of Credit* bzw. Vereinbarung vertraglicher *Akkre-ditive*

- Erhalt der Anzahlungsrate

- Nachweis über behördliche Genehmigungen, z.B. Bau und Betrieb

- Import- und Exportgenehmigungen

- Wirksamer Finanzierungsvertrag

- Bewilligung von Visa für Personal.

Diese exemplarisch genannten Punkte sind bei der Vertragsgestaltung zu berücksichtigen und können durch spezifische Punkte ergänzt werden.

4.2 Vertragsarten

Welche gängigen Vertragsarten gibt es im Industrieumfeld und wann werden sie eingesetzt?

Das Industriegeschäft zeichnet sich durch die Verbindung einer Vielzahl von Einzelsystemen aus, die zu einer funktionsfähigen Gesamtanlage zusammengeführt werden: Der Auftraggeber beauftragt den Auftragnehmer mit einer individuellen Lösung. Das *Vertragsverhältnis* zwischen Auftraggeber und Auftragnehmer wird grundsätzlich durch den „Auftrag" beschrieben.

Bindet der Auftragnehmer zusätzlich Lieferanten oder Subunternehmer ein, wird von *Subunternehmer-* oder *Lieferantenverträgen* gesprochen und der Auftragnehmer nimmt dabei die Rolle des *Generalunternehmers* (GU) ein. Das Vertragsverhältnis zum Auftraggeber wird meist als *„Hauptvertrag"* oder *„Hauptauftrag"* bezeichnet.

Für Verträge können der Werk-, Kauf- und Dienstvertrag nach BGB Anwendung finden. Grundsätzlich sind die Inhalte eines Vertrags jedoch frei wählbar.

Werkvertrag und Dienstvertrag sind nachfolgend kurz beschrieben. Im Anschluss daran sind weitere gängige Vertragsarten erläutert.

4.2.1 Werkvertrag nach §§ 631ff BGB

(1) Durch den *Werkvertrag* wird der Unternehmer zur Herstellung des versprochenen Werkes, der Besteller zur Entrichtung der vereinbarten Vergütung verpflichtet.

(2) Gegenstand des Werkvertrags kann sowohl die Herstellung oder Veränderung einer Sache als auch ein anderer durch Arbeit oder Dienstleistung herbeizuführender Erfolg sein.

Der Auftragnehmer verpflichtet sich zur Erstellung eines mangelfreien Werkes. Es wird der messbare Erfolg geschuldet, der mit der Abnahme durch den Auftraggeber bestätigt wird.

Der Einsatz des Werkvertrags ist in Anlagen- und Systemverträgen üblich. Eine ausführliche Beschreibung findet sich im Anhang 7.1. Speziell für die Baubranche existieren die Sonderregelungen in der VOB/B – Vergabe- und Vertragsordnung für Bauleistungen (siehe Anhang 7.2).

4.2.2 Dienstvertrag nach §§ 611ff BGB

(1) Durch den Dienstvertrag wird derjenige, welcher Dienste zusagt, zur Leistung der versprochenen Dienste, der andere Teil zur Gewährung der vereinbarten Vergütung verpflichtet.

(2) Gegenstand des Dienstvertrags können Dienste jeder Art sein.

Hier wird der Dienst, jedoch nicht der Erfolg geschuldet. Diese Vertragsart kann bei Personalgestellung, Beratungs- und Trainingsdienstleistungen eingesetzt werden. Für Leistungsbeschaffungen der öffentlichen Hand ist hier die VOL/B – Vertragsbedingungen für die Ausführung von Leistungen – anzuwenden.

4.2.3 Generalunternehmer-Vertrag – General Contractor

Der *Generalunternehmer (GU)* schließt einen *„Hauptvertrag"* mit dem Auftraggeber über die schlüsselfertige Erstellung einer Anlage. Der Generalunternehmer seinerseits vergibt Einzelsysteme an *Subunternehmer*, die dadurch in den Auftrag eingebunden werden. Bei dieser Struktur obliegt dem Generalunternehmer die weitgehende Planungs- und Koordinierungsverantwortung, die ihm somit die Möglichkeit zur Optimierung der Abläufe bietet.

Der Auftraggeber sichert sich mit dem Generalunternehmer-Vertrag die eindeutige Zuordnung der Verantwortung und Schnittstellen. Anders als beim Konsortium können die Risiken aus dem Hauptvertrag meist nicht vollständig an die Subunternehmer durchgeschaltet werden, der Generalunternehmer steht gegenüber dem Auftraggeber dafür ein.

4.2.4 Consulting-Vertrag

Beim *Consulting-Vertrag* schließt der Auftraggeber die Verträge mit den Lieferanten und beauftragt einen *Berater* mit der Koordinierung der Gesamtleistung. Der Berater agiert im Auftrag und auf Rechnung des Auftraggebers, hat jedoch kein Rechtsverhältnis zu den Lieferanten. Diese *Vertretungsregelung* durch den Consultant ist in den Verträgen zu regeln.

4.2.5 Konsortium (Consortium)

Beim *Konsortium* schließen sich zwei oder mehr Firmen zusammen, um für ein Projekt gemeinsam Lieferungen und Leistungen zu erbringen. Das Konsortium wird meist bereits in der Angebotsphase gebildet, um die gewünschte Gesamtleistung dem Auftraggeber anzubieten und im Auftragsfalle zu erbringen. Der Zusammenschluss im Konsortium ermöglicht es, die Gesamtleistung zu erbringen, die ein Partner alleine nicht hätte leisten können. Prinzipiell können auch nach Vertragsschluss Konsortien gebildet werden.

Es gibt zwei Arten von Konsortien, das stille und das offene Konsortium:

- Beim *stillen Konsortium* wird der Hauptvertrag zwischen dem Auftraggeber und dem Auftragnehmer, also dem Generalunternehmer (GU) des Konsortiums abgeschlossen. Alleiniger Ansprechpartner des Auftraggebers ist der Generalunternehmer, was zu einer Schnittstellenreduzierung im Vergleich zum offenen Konsortium führt. Der *Konsor-*

tialvertrag zwischen den Konsortialpartnern berücksichtigt die Inhalte des Außenvertrages zum Auftraggeber und regelt das Verhältnis der Konsorten, insbesondere die Risikoabgrenzungen, untereinander. Bei Forderungen des Auftraggebers haftet nach außen gesamtschuldnerisch nur der Generalunternehmer.

- Beim *offenen Konsortium* wird der Hauptvertrag zwischen dem Auftraggeber und allen Konsortialpartnern geschlossen und damit haften alle Konsorten (nicht nur einer) gesamtschuldnerisch gegenüber dem Auftraggeber. Bei Forderungen an einen Konsortialpartner kann der Auftraggeber direkt an diesen herantreten und muss nicht über den Generalunternehmer gehen. Für die Konsorten liegt der Vorteil in der Risikoverteilung.

Welche besonderen Aspekte sind bei einem Konsortialvertrag zu regeln?

Zunächst gilt es, den Liefer- und Leistungsanteil so genau wie möglich zu beschreiben und zwischen den Konsortialpartnern und gegenüber dem Auftraggeber abzugrenzen. Dies kann beispielsweise mittels *„Kreuzchen-Liste"*, auch als *„Division of Work"* oder *„Work Responsibility Matrix"* bezeichnet, erfolgen. Ein Beispiel hierzu ist unter der Bezeichnung „Work Package Responsibility" im Anhang 7.3 beschrieben. Hier wird bis auf Komponenten- und Arbeitspaketebene beschrieben, wer für welchen Liefer- und Leistungsanteil die Verantwortung trägt. Die *Schnittstellen* werden schematisch mittels Schnittstellendiagrammen – *„Battery Limits"* – und in Form von definierten Übergabepunkten beschrieben (An welchem Ort – Koordinaten im Lageplan, z. B. Bauplan – erfolgt die Übergabe von einem Partner zum anderen Partner? Wo treffen wir uns?).

In der Regel besitzt jeder Konsorte ein Mitspracherecht, das in Richtung Kunde durch den *Konsortialführer* vertreten wird. Für diese und weitere Koordinierungs- und Vertretungsleistungen erhält er in der Regel eine *Federführungsgebühr*.

Bei Forderungen des Auftraggebers – Fremdclaims – gegenüber dem Konsortium haftet in der Regel der Verursacher.

Alternativ kann auch ein *Solidarprinzip* vereinbart werden. Dann werden die Ansprüche des Auftraggebers von den Konsorten im Verhältnis ihrer Liefer- und Leistungsanteile getragen (z. B. Konsorte A 50%, Konsorte B 30%, Konsorte C 20% vom Liefer- und Leistungsumfang, bezogen auf das Gesamtauftragsvolumen des Konsortiums). Meist haften die Konsorten auch untereinander, d. h. Mehrkosten, die durch einen Konsorten verursacht werden, können nicht an den Auftraggeber verrechnet werden. Gerade in diesen Situationen ist ein professionelles Claim Management hilfreich, damit niemand auf unberechtigten bzw. unangemessenen Forderungen von Konsortialpartnern sitzen bleibt.

Der vertragliche Gesamtterminplan gegenüber dem Auftraggeber gilt auch zwischen den Konsorten.

4.2.6 Kostenerstattungsvertrag – Cost Reimbursable Contract

Der *Kostenerstattungsvertrag* ermöglicht dem Auftragnehmer die tatsächlich entstandenen Kosten zu verlangen und gewährt ihm zusätzlich eine fest vereinbarte *Gewinnzahlung*. Als weiterer Anreiz für den Auftragnehmer kann in Abhängigkeit von seiner Leistung noch eine variable *Bonuszahlung* erfolgen, z. B. bei frühzeitiger Fertigstellung der Systeme.

Diese Vertragsart bietet eine hohe Flexibilität für beide Partner und der Auftragnehmer ist bestrebt möglichst schnell fertig zu werden, da sein Gewinn fixiert ist. Das Gesamtkostenrisiko trägt der Auftraggeber.

4.2.7 Aufwandsvertrag – Time & Material Contract

Der „nach Zeit und Aufwand" abrechnende *Aufwandsvertrag* zeichnet sich durch die Festlegung eines *Einheitspreises für die Arbeitszeit*, z. B. €/h, und die Kostenerstattung für den entstandenen Aufwand aus. Der Aufwand kann ebenfalls in Einheits- bzw. Stückpreisen bemessen sein. Die *Verrechnungssätze* (Stunden- und Überstundenzuschläge) werden je nach der Rolle des Mitarbeiters – Projektleiter, Programmierer, Monteur, Hilfskraft, usw. – vertraglich festgeschrieben.

Diese Vertragsart eignet sich für sofortige und kurzfristige Einsätze. Der Auftragnehmer hat wenig Anreiz, möglichst schnell fertig zu werden und aufwandsverringernd vorzugehen. Das Gesamtkostenrisiko trägt der Auftraggeber.

4.2.8 Pauschalpreis – Fixed Price Contract (Lump Sum, Firm Fixed Price)

Die wahrscheinlich am häufigsten vorkommende Vertragsart ist die mit einem vereinbarten *Pauschalpreis*. Für das definierte Produkt oder Lösungsgeschäft wird dabei ein Gesamtpreis vereinbart. Basis für die Erfüllung des Vertrags ist die vertraglich festgelegte Liefer- und Leistungsbeschreibung. Die Leistungsbeschreibung kann sich durch folgende Merkmale auszeichnen:

* *Leistungsspezifikation – Performance Specification*

Die messbaren Leistungskriterien, die das Endprodukt erfüllen muss, werden vorab festgelegt. Sie bilden die Grundlage für die Abnahme durch den Auftraggeber.

- *Funktionale Spezifikation – Functional oder Detailed Specification*

  Neben den reinen Abnahmekriterien werden weitere wesentliche Merkmale und Eigenschaften des Produkts vereinbart, die Bestandteil der Leistungsbeschreibung sind. Sie sind als eine Art Minimalanforderung zu betrachten. Diese Art der Leistungsbeschreibung findet vorwiegend im Entwicklungs- und IT-Umfeld ihren Einsatz.

- *Entwurfsspezifikation – Design Specification*

  Hier wird präzise beschrieben, welche messbaren Merkmale das Endprodukt erfüllen muss, einschließlich der Verfahren und Methoden, die dafür notwendig sind. Diese Form der Leistungsbeschreibung wird häufig bei bereits bekannter Vorgehensweise eingesetzt.

Die verschiedenen Preisarten, wie z. B. Pauschalpreis, Einheitspreis und Festpreis sind in den jeweiligen Vertragsinhalten detailliert beschrieben. Bei dieser Vertragsart trägt der Auftragnehmer das Gesamtkostenrisiko.

4.2.9 Weitere Vertragsarten

Insbesondere für das Industriegeschäft existieren noch etliche weitere Vertragsarten, z. B.

- *Betriebs- und Wartungsvertrag – Operations and Maintenance Contract*

- *Montage- und Inbetriebnahmevertrag – Erection and Commissioning Contract*

- *Revisionsvertrag – Service Contract*

- *Leasingvertrag – Leasing Contract.*

Für alle diese Vertragsarten existieren ähnliche Vertragsinhalte. Sie sind im folgenden Kapitel beschrieben.

4.3 Vertragsinhalte

Neben den Vertragsarten sind auch die vertraglichen Inhalte von entscheidender Bedeutung. In diesem Kapitel sind Vertrags-Checkpunkte aufgeführt, die den Projektleiter unterstützen, ein Angebot bzw. einen Vertrag in technischer, kommerzieller und juristischer Hinsicht zu erstellen, verhandeln oder prüfen, beispielsweise in der Rolle als Angebotsprojektleiter.

Gibt es Vorschläge für die Inhalte eines Vertrags, so sind diese durch weitere günstige Regelungen zu ergänzen bzw. sind inakzeptable Regelungen zu streichen. Für die detaillierte inhaltliche Vertragsprüfung sollte ein Jurist, Contract oder Claim Manager eingebunden werden. Dabei ist zu beachten:

Der Claim Manager ersetzt nicht den Juristen!

Meist gibt es zu Beginn eines Vertragwerks, vor allem in Verträgen im englischen Rechtssystem, mehrere Seiten mit Definitionen von Begriffen, um das gemeinsame Verständnis zu sichern. Jedes Vertragswerk weist Stärken und Schwächen auf, die bekannt sein müssen, damit man die eigene Handlungsweise darauf abstimmen kann. Diese Vertragsanalyse (siehe auch Kapitel 4.6 Vertragsanalyse) ist Bestandteil einer projektspezifischen Risikoanalyse, die während der Angebotsphase und bei Auftragerhalt realisiert wird.

Grundsätzlich gilt:

Die Inhalte eines Vertrags sind frei wählbar,
sofern nicht irgendwelche gesetzliche Regelungen verletzt werden.

Unter „gesetzliche Regelungen" ist hier das anwendbare Recht gemäß Vertrag zu verstehen. Das kann – muss aber nicht – das jeweilige Landesrecht sein, oder es gelten die Vereinbarungen gemäß Schiedsgerichtsverfahren oder andere relevante Regelungen.

Und:

Nicht nur für die Prüfung, sondern bereits für die Gestaltung
komplexer Verträge und deren Inhalte
ist ein erfahrener Jurist notwendig.

Die folgenden Begriffserklärungen stellen keine Rechtsberatung dar, sondern sie sollen dem Projektleiter und Projektteam helfen, ein erstes Grundverständnis für die Begriffe und Inhalte von Verträgen zu entwickeln. Sie sind als Anregung zur kritischen Betrachtung eines Vertrags aus Sicht des Projektbearbeiters zu verstehen.

Folgende Begriffe werden vorgestellt:

- Rangfolge der Dokumente – Ranking of Documents (4.3.1)

- Leistungsumfang – Scope of Work (SOW) (4.3.2)

- Lieferumfang – Scope of Supply (4.3.3)

- Termin- und Lieferplan – Schedule/Programme (4.3.4)

- Liefertermin – Delivery Period/Date (4.3.5)

- Verzug und Fristverlängerung – Delay and Extension of Time (EOT) (4.3.6)

- Preis und Preisgleitklausel – Price and Price Escalation (4.3.7)

- Zahlungsbedingungen/Fakturierung – Terms of Payment/Invoicing (4.3.8)

- Zusatzaufträge und Preisanpassung – Variation Orders and Adjustment to Price (4.3.9)

- Claim-Prozedere – Claim Procedure (4.3.10)

- Höhere Gewalt – Force Majeure (Acts of God) (4.3.11)

- Versicherungen – Insurances (4.3.12)

- Bonusregelungen und Vertragsstrafe – Incentives and Penalty (4.3.13)

- Pauschalisierung Schadensersatz – Liquidated Damages (4.3.14)

- Inspektionsrecht – Right of Inspection (4.3.15)

- Leistungs- und Vollständigkeitsprüfung – Performance and Completion Test (4.3.16)

- Vertragsunterbrechung – Suspension of Contract (4.3.17)

- Vertragsbeendigung – Termination of Contract (4.3.18)

- Anwendbares Recht – Applicable Law (4.3.19)

- Streitigkeiten und Schiedsgericht – Dispute and Arbitration (4.3.20)

- Vertragssprache – Contract Language (4.3.21)

- Steuern und Zölle – Taxes, Duties (4.3.22)

- Geheimhaltungsvereinbarung – Secrecy Regulations (4.3.23)

- Freistellung, Entschädigungsleistung – Indemnification (4.3.24)

- Abnahme und Mängelhaftungszeit – Taking-Over and Warranty Period (4.3.25)

- Garantien und Bürgschaften – Bonds and Guarantees (4.3.26)

- Haftung – Liability (4.3.27)

- Haftungsbegrenzung – Limit of Liability (4.3.28)

4 Contract Management

- Inkrafttreten des Vertrags/Vertragsbeginn – Effective Date of Contract (4.3.29)

- Aufgabenteilung und Mitwirkungspflichten – Division of Work (DOW) and Obligations (4.3.30)

- Eigentumsübergang – Transfer of Title (4.3.31)

4.3.1 Rangfolge der Dokumente – Ranking of Documents

Mit dem *Ranking of Documents* wird die hierarchische *Rangfolge der Dokumente* festgelegt und damit die Prioritätsreihenfolge der vereinbarten Ausführungsvorschriften im Vertragswerk.

> *Ziel ist es, die eigenen Bedingungen an erster Stelle*
> *zu positionieren!*

- Beispiel:

Folgendes Ranking ist vertraglich festgelegt:

1. Ausschreibungsunterlagen

2. Angebotsunterlagen

Damit sind die Anforderungen und aufgeführten Normen in dem ranghöheren Dokument ausschlaggebend, hier Punkt 1.

Die Rangordnung der Dokumente tritt auch im Fall von fehlenden oder widersprüchlichen Beschreibungen und Regelungen ein.

4.3.2 Leistungsumfang – Scope of Work (SOW)

In der *Scope of Work* wird der Leistungsumfang möglichst präzise beschrieben. Die Scope of Work basiert auf der Vertragsart und auf dem Leistungsverzeichnis, das auch Bestandteil des Vertrages ist. Zur besseren Identifizierung wird meist eine Kennung verwendet, z. B. Leistungsverzeichnis Nr. 4711 Rev. 4 vom 21.08.2004. Es enthält eine ausführliche Beschreibung der zu erbringenden Leistungen und unterliegt den vertraglichen Ausführungsvorschriften. Die Scope of Work enthält meist auch Mengenangaben und zu beachtende Ausführungsvorschriften, wie z. B. Hinweise auf technische Normen, Kennzeichnungssysteme oder zu liefernde Dokumente, Schulungen, Wartung und Kundendienste, Betrieb der Systeme, Fehlerbehebung und Reaktionszeiten.

> *Unpräzise oder unvollständige Beschreibungen führen in der Regel*
> *zu Interpretationsmöglichkeiten und daraus entstehende Aufwände*
> *gehen häufig, mangels Argumenten,*
> *zu Lasten des Auftragnehmers.*

Dies lässt sich selbst bei präzisen Leistungsbeschreibungen nicht ausschließen, da auch dann immer noch Interpretationsspielräume existieren.

4.3.3 Lieferumfang – Scope of Supply

In der *Scope of Supply* wird der Lieferumfang möglichst präzise beschrieben. Die Scope of Supply basiert auf der Vertragsart und den Anforderungen bezüglich des Lieferumfanges, enthält z. B. Mengenangaben, Material- und Equipment-Listen, Zeichnungen, Fertigungsunterlagen, Hinweise auf Programme, Quellcodes und Lizenzen, Qualitätsunterlagen einschließlich Zertifikaten, betriebstechnische Unterlagen, Wartungshandbücher, Ersatzteile, Wartung, Support, usw. Das die Scope of Supply beschreibende Dokument wird als „Lieferverzeichnis" bezeichnet und ist Bestandteil des Vertrages. Zur besseren Identifizierung wird meist eine Kennung verwendet, z. B. Lieferverzeichnis Nr. 4711 Rev. 4 vom 21.08.2004. Es enthält eine ausführliche Beschreibung der zu erbringenden Lieferungen und unterliegt den vertraglichen Ausführungsvorschriften. Bezüglich der erforderlichen Genauigkeit und Vollständigkeit der Scope of Supply gelten die gleichen Aspekte wie beim Leistungsumfang.

Häufig spricht man auch gemeinsam vom
Liefer- und Leistungsverzeichnis
ohne eine explizite Trennung in „Work" und „Supply".

4.3.4 Termin- und Lieferplan – Schedule/Programme

Im *Vertragsterminplan*, der auch als Rahmenterminplan bezeichnet wird, ist der geplante Projektablauf mit seinen Meilensteinen dokumentiert. Damit sind die wesentlichen Mitwirkungspflichten, Lieferungen und Meilensteine im Vertrag fixiert.

Meist wird der Terminplan erst nach Vertragsunterschrift
mit dem Kunden weiter detailliert und abgestimmt.

So entsteht der *Ausführungsterminplan*, der die vertraglichen Mitwirkungspflichten, Lieferungen und Meilensteine wie z. B. Vertragsbeginn, 1. Lieferung, Montage, Inbetriebsetzung und Abnahme berücksichtigt. In diesem Zusammenhang werden auch die vertraglich festgelegte Arbeitsteilung – auch *Responsibility Assign Matrix* oder *Work Package Responsibility* – nochmals dokumentiert und die *Mitwirkungspflichten der Vertragspartner* verifiziert. Die Matrix wird Anhang des Vertrags. Um Interpretationsspielräume zu vermeiden, sind die genannten Aspekte möglichst präzise vor der Vertragsunterzeichnung zu definieren. Für den Fall, dass Termine und Lieferungen gegenüber den Inhalten des Vertrags geändert werden müssen, ist dies zu dokumentieren und als Änderung zum Vertrag einvernehmlich in schriftlicher Form zu deklarieren.

Diese Terminfestlegungen sind für das Claim Management der Soll-Zustand; sie werden im Laufe des Projekts regelmäßig mit dem Ist-Zustand verglichen.

Der Ausführungsterminplan stellt die Arbeitsschritte detailliert einschließlich der beispielhaft beschriebenen Freigabeprozedere z. B. für die Engineering-Unterlagen dar. Die Engineering-Phase startet vom geklärten Auftragseingang (siehe Jankulik, Bild 5.9, ab Meilenstein PM 100 bis zum PM200) und endet mit der Freigabe des „Detailed Design". Die Engineering-Phase selbst unterteilt sich häufig in „Basic Design" (Grobplanung) und „Detailed Design" (Feinplanung). Die Arbeitsergebnisse in der jeweiligen Phase – z. B. Engineering-Unterlagen – sind gemäß Ausführungsterminplan dem Auftraggeber zur Sichtung, Prüfung und Kommentierung vorzulegen. Das ist eine Mitwirkungspflicht des Auftragnehmers. Im Gegenzug hat der Auftraggeber die Verpflichtung, innerhalb einer vertraglich vereinbarten Frist – z. B. 10 Arbeitstage –, die im Ausführungsterminplan terminiert ist, die mit den Kommentaren versehenen Basic-Engineering-Unterlagen freizugeben und dem Auftragnehmer zurückzugeben. Der Auftragnehmer wiederum startet auf dieser Basis mit dem „Detailed Design" usw.

In der *Engineering-Phase* findet ein reger Datenaustausch zwischen den Vertragsparteien statt. Der Auftraggeber muss fristgerecht Unterlagen und Daten für das *Basic Design* zur Verfügung stellen. Kommt er diesen Mitwirkungspflichten zu spät, unvollständig oder fehlerhaft nach, sind die damit verbundenen Auswirkungen auf das Projekt in terminlicher und kostentechnischer Hinsicht vom Auftraggeber zu tragen.

Die gleiche Vorgehensweise gilt für das *Detailed Design*. Erfolgen Freigaben zu spät oder werden sogar verweigert, sind die vertraglichen Termine zu verschieben und die Mehrkosten durch den Auftraggeber zu tragen. Hierzu ist vertraglich festzulegen, bis *wann* die Freigabe *welcher* Dokumente – Zeichnungen, Dokumente, Gutachten (z. B. Bodengutachten), Anordnungspläne, Verfahrenspläne, Messstellenlisten, Schalt- und Logikpläne, Stücklisten usw. (all die zu erbringenden Dokumente sind vertraglich zu fixieren) – des Detailed Designs durch den Auftraggeber zu erfolgen hat. Erfolgt innerhalb der vereinbarten Frist von z. B. 10 Tagen keine Rückmeldung, ist das als Genehmigung der Daten und Unterlagen zu betrachten.

4.3.5 Liefertermin – Delivery Period/Date

Bei der vertraglichen Festlegung des *Liefertermins* ist besonders zu beachten, dass der Beginn der Lieferzeit an das „*Inkrafttreten des Vertrags*" gekoppelt ist und nicht an den Unterzeichnungstermin des Vertrags. Idealerweise ist der gesamte Terminplan mit den Meilensteinen an einen generischen Ablauf geknüpft, z. B. in der Form:

- Versand 14 Monate nach Inkrafttreten des Vertrags,

- Montagebeginn 16 Monate nach Inkrafttreten des Vertrages

- usw.

Neben dem Liefertermin sind auch noch

- der *Lieferort*,

- der *Gefahrenübergang (Care & Custody)* und

- der *Kostenübergang*

zwischen Auftraggeber und Auftragnehmer zu definieren, außerdem die Frage

- „Wer trägt die Verantwortung für den Transportvertrag und die Transportversicherung und wer übernimmt die Export-/Importfreimachung?".

Diese Aspekte werden in den aktuellen *„INCOTERMS* 2000" geregelt, auf deren Basis weltweit Exportgeschäfte abgeschlossen werden (Tabelle 4.1). Über die Abkürzungen aus den INCOTERMS werden die oben beschriebenen Verantwortlichkeiten vertraglich festgelegt, ohne dass die Inhalte hierfür langatmig und missverständlich beschrieben werden müssen. Die INCOTERM-Abkürzung ist Bestandteil des Vertrages. Hinweis: Importgenehmigungen sind üblicherweise vom Auftraggeber zu erbringen, da der Auftragnehmer unter Umständen keinen unmittelbaren Einfluss ausüben kann.

Ein Beispiel für den Einsatz von INCOTERMS:

Ex Works Munich 25.11.2004 bedeutet, dass am 25.11.2004 im Werk München des Auftragnehmers das Material bereitsteht, die Kosten und die Gefahr vom Auftragnehmer auf den Auftraggeber am Lieferort übergehen. Der Auftraggeber trägt die Verantwortung für den Transportvertrag, Export- und Importfreimachung.

Ein Hinweis dazu: Der Eigentumsübergang ist separat zu regeln.

Zusätzlich sind die *Verpackungsvorschriften* vertraglich zu definieren, d. h.

- welche Verpackungsart, z. B. Luftfracht/Seefracht, hat zu erfolgen,

- wie sieht die Markierung aus und

- wie die Konservierung für das zu liefernde Equipment?

Tabelle 4.1
INCOTERMS, Ausgabe 2000

Abkürzung	Bedeutung	Export-freimachung obliegt:	Importfrei-machung obliegt:	Transport vertrag obliegt:	Lieferort	Übergang der Gefahr von Verkäufer auf Käufer	Übergang der Kosten von Verkäufer auf Käufer	Transport-versicherung
EXW	ex works	Käufer	Käufer	Käufer	Werk des Verkäufers	Lieferort	Lieferort	
FCA	free carrier	Verkäufer	Käufer	Käufer	Ort der Übergabe an den Frachtführer	Lieferort	Lieferort	
FAS	free alongside ship	Verkäufer	Käufer	Käufer	Längsseite Schiff im Verschiffungshafen	Lieferort	Lieferort	
FOB	free on board	Verkäufer	Käufer	Käufer	Schiff im Verschiffungshafen	Schiffsreling	Schiffsreling	
CFR	cost and freight	Verkäufer	Käufer	Verkäufer	Schiff im Verschiffungshafen	Schiffsreling	Bestimmungs-hafen	
CIF	cost, insurance and freight	Verkäufer	Käufer	Verkäufer	Schiff im Verschiffungshafen	Schiffsreling	Bestimmungs-hafen	Versicherung Mindestdeckung 110 %
CPT	carriage paid to	Verkäufer	Käufer	Verkäufer	Ort der Übergabe an den Frachtführer	Lieferort	Bestimmungsort	
CIP	carriage and insurance paid to	Verkäufer	Käufer	Verkäufer	Ort der Übergabe an den Frachtführer	Lieferort	Bestimmungsort	Versicherung Mindestdeckung 110 %
DAF	delivered at frontier	Verkäufer	Käufer	Verkäufer	Bestimmungsort an der Grenze	Bestimmungsort	Bestimmungsort	
DES	delivered ex ship	Verkäufer	Käufer	Verkäufer	Schiff im Verschiffungshafen	Schiff im Be-stimmungshafen	Schiff im Be-stimmungshafen	
DEQ	delivered ex quay	Verkäufer	Käufer	Verkäufer	Kai des Bestimmungshafens	Kai des Bestimmungshafens	Kai des Be-stimmungshafens	
DDU	delivered duty unpaid	Verkäufer	Käufer	Verkäufer	Bestimmungsort	Bestimmungsort	Bestimmungsort	
DDP	delivered duty paid	Verkäufer	Verkäufer	Verkäufer	Bestimmungsort	Bestimmungsort		

4.3.6 Verzug und Fristverlängerung –
Delay and Extension of Time (EOT)

Ein *Verzug* tritt ein, sobald der Auftragnehmer die zu erbringende Leistung zur vereinbarten Fälligkeit nicht erbringt. Im deutschen Recht ist für das Eintreten eines Verzugs zudem das Verschulden des Auftragnehmers erforderlich und dass die fällige Leistung trotz Mahnung zu spät erfolgt.

Es bedarf jedoch keiner vorhergehenden Mahnung, wenn die Leistung nach dem Kalender bestimmt ist, der Leistung ein Ereignis vorauszugehen hat und eine angemessene Zeit für die Leistung in der Weise bestimmt ist, dass sie sich von dem Ereignis an nach dem Kalender berechnen lässt, und wenn der Schuldner die Leistung ernsthaft und endgültig verweigert.

Im Falle von Verzug besteht beim Auftraggeber Anspruch auf Schadensersatz (nach BGB der Höhe nach unbegrenzt) und Rücktritt vom Vertrag.

Durch eine *Fristverlängerung – Extension of Time* (EOT) – wird ein neues Fälligkeitsdatum definiert. Dies muss von beiden Partnern einvernehmlich vereinbart und zur Beweissicherung schriftlich als Änderung zum Vertrag dokumentiert werden.

4.3.7 Preis und Preisgleitklausel – Price and Price Escalation

Es existieren verschiedene Preisarten:

- *Pauschalpreis – Lump Sum Price, Fixed Price*

  Für die vertraglich bestimmte Leistung, die z. B. durch eine Detailbeschreibung festgelegt ist, wird eine pauschale Vergütung vereinbart. Änderungen, die sich in dieser Leistung ergeben, sind dann ohne Einfluss auf die Vergütung.

  Der Auftragnehmer trägt das Risiko der Mengenerhöhung.

  Ausnahmen:

  Änderungen größer als 20% nach oben oder unten geben auch ohne vertragliche Grundlage einen Anspruch auf Anpassung an die tatsächlich ausgeführten Leistungen.

  Nicht vorgesehene oder später verlangte Leistungen sind gesondert zu vergüten (siehe unter Zusatzauftrag oder Change/Variation Order).

- *Einheitspreis – Unit Price*

  Hier wird nach den vertraglich vereinbarten Einheitspreisen abgerechnet, z. B. „1 Meter Kabel kostet 3,50 EUR". Die Vergütung wird durch ein *Aufmaß* bestimmt. Das Risiko der Mengenerhöhung trägt der Auftraggeber.

> *Weicht die ausgeführte Menge der unter einem Einheitspreis erfassten Leistung um nicht mehr als 10% von dem im Vertrag vorgesehenen Umfang ab, so gilt der Einheitspreis.*

* *Festpreis – Fixed Price*

Bei einem vereinbarten Festpreis dürfen Zusatzkosten für Mengenerhöhungen und/oder Materialpreis nicht an den Auftraggeber weitergegeben werden.

Der Festpreis gilt bis zum vereinbarten Termin. Verzögert sich dieser durch Verschulden des Auftraggebers, besteht für den Auftragnehmer ein Anspruch auf Kostenerstattung.

Für alle diese Preisarten ist es sinnvoll, zudem eine *Preisgleitklausel* in den Vertrag mit aufzunehmen, die an einen *Preissteigerungsindex* gekoppelt ist oder sich z. B. an den Tarifabschlüssen orientiert und anteilig oder vollständig eine Preisanpassung ermöglicht.

Dabei ist zu berücksichtigen, dass – sofern vereinbart – auch *Material- und Rohstoffpreise* nach *tagesaktuellen Kurswerten* abgerechnet werden können und somit die Differenz zum angebotenen Preis an den Auftraggeber oder Auftragnehmer weitergegeben wird. Beispiele hierfür sind der Kupferpreis oder der Stahlpreis.

Im internationalen Umfeld werden *Fixed Price, Lump Sum Price* und *Firm Fixed Price* meist synonym eingesetzt. Zusätzlich gibt es noch den *Time & Material Contract* und den *Cost Reimbursable Contract*, die im Kapitel 4.2 Vertragsarten detaillierter beschrieben sind.

> *Zum Schutz vor Wechselkursschwankungen bei Fremdwährungen kann der Preis kursgesichert werden.*

Das gilt sowohl für die Beauftragung durch den Auftraggeber wie auch für eigene Bestellungen bei Lieferanten. Für den garantierten Wechselkurs, z. B. zwischen € und USD, verlangt die koordinierende Bank eine *Kurssicherungsgebühr* in Abhängigkeit vom abzusichernden Geldbetrag, die bis zu einigen Prozent vom Auftragswert betragen kann. Letztlich ist dies eine „Versicherung", mit der das Projektergebnis kalkulierbar wird und nicht von Währungsfluktuationen abhängt.

4.3.8 Zahlungsbedingungen/Fakturierung –
Terms of Payment/Invoicing

Die *Zahlungsbedingungen* werden an terminliche Ereignisse, an den Arbeitsfortschritt oder an Lieferungen und Leistungen geknüpft. Entscheidend hierbei ist, dass die Meilensteine durch den Auftragnehmer beeinflusst werden können. Die für die *Fakturierung* notwendigen Formalien wie Rechnungsadresse, Fälligkeit, Zinsen und Nachweisdokumente sind festzulegen.

4.3.9 Zusatzaufträge und Preisanpassung –
Variation Orders and Adjustment to Price

Im Vertrag ist zu beschreiben, wie mit Änderungen zu verfahren ist und wie die Konditionen in einem solchen Fall anzupassen sind, z.B. bei Änderungswünschen des Auftraggebers.

Das reicht von einem Angebot für die Änderungen durch den Auftragnehmer über die Beauftragung durch den Auftraggeber und die Ausführung durch den Auftragnehmer bis zu Auswirkungen auf Termine, Kosten, Zahlungsprozedere und andere vertragliche Punkte.

> *Häufig werden Variation Orders als eigene Verträge*
> *ver- und behandelt.*

4.3.10 Claim-Prozedere – Claim Procedure

Ein Claim ist im Gegensatz zur *Change Order* oder *Variation Order* eine strittige Forderung. Wichtig ist, das Recht für Claims auf zusätzliche Kosten oder z.B. Fristverlängerung zu vereinbaren und festzulegen, welche Voraussetzungen zum *Anmelden des Claims* erforderlich sind. Darüber hinaus ist der Ablauf festzulegen und im Zusammenhang damit, wie mit *Beschleunigungen (Acceleration), Verzögerungen (Delay)* und *temporärer Einstellung der Arbeiten (Stop Work)* auf der Baustelle zu verfahren ist.

Beispiel:

1. Anmeldung des Claimereignisses innerhalb einer vereinbarten Frist (z.B. 7 Arbeitstage nach Eintritt) mit Beschreibung der Auswirkungen.

2. Frist für Einigung vereinbaren. Falls keine Einigung möglich ist, dem vertraglichen Vorgehen zu folgen, d.h. Eskalation, zum Beispiel Einbringen des Falles in das *Dispute Adjudication Board* (*DAB*, siehe Glossar) oder das *Steering Committee*, um eine beiderseits verbindliche Entscheidung herbeizuführen.

Hinweis: In der Regel wird nach dem Verursacherprinzip geclaimt, d. h. eigener Verzug kann nicht geltend gemacht werden.

4.3.11 Höhere Gewalt – Force Majeure (Acts of God)

Höhere Gewalt bedeutet den Eintritt eines von außen unvorhergesehenen und außergewöhnlichen Ereignisses, das auch durch äußerste Sorgfalt nicht verhindert werden kann.

Wird ein Schaden durch höhere Gewalt verursacht, so kommt in den meisten Fällen eine Haftung nicht in Betracht. Üblich ist es, Streik, Aussperrung, Unwetter, Krieg, Unruhen, Flut, Niedrigwasser usw. explizit im Vertrag als Ursachen höherer Gewalt zu erwähnen.

Im Einzelfall ist jede Definition unter Berücksichtigung des anwendbaren Rechts zu überprüfen und inwieweit statistisch betrachtet das Ereignis eine Seltenheit war. Dies gilt insbesondere für witterungsbedingte Ereignisse.

4.3.12 Versicherungen – Insurances

Wer versichert welche Risiken im Projekt?

Für den Auftragnehmer sind die Betriebshaftpflicht-, die Montage- und die Transportversicherung üblich. Im Einzelfall ist jedoch genau zu klären, für welche Situationen *Versicherungsschutz* im Unternehmen besteht bzw. welcher *Haftungsbetrag* vertraglich vereinbart ist.

- Die *Betriebshaftpflichtversicherung* sichert *Schadensersatzansprüche Dritter* ab, die sich auf Körper, Leben und Eigentum beziehen. Sie deckt jedoch nicht Schäden ab, die der Vertragserfüllung selbst zuzurechnen sind, z. B. Verzug, Nachbesserung und Mängelhaftung.

- Die *Montageversicherung* (Erection all Risks – EAR) deckt Risiken ab, die auf der Baustelle entstehen, und erstreckt sich in der Regel auch auf die Mängelhaftungszeit und Reparaturarbeiten.

- Die *Transportversicherung* sichert Schäden ab, die während des Transportes entstehen. Damit besteht Anspruch auf Ersatzbeschaffung.

4.3.13 Bonusregelungen und Vertragsstrafe – Incentives and Penalty

Bonusregelungen bei höherer als vertraglich geforderter Leistung oder frühzeitiger Fertigstellung sind Instrumente zur Motivation des Auftragnehmers. Die zusätzliche Vergütung ist meist prozentual an den Vertragspreis gekoppelt mit einer festen Obergrenze. Beispiel: Je 1 kW höhere Leistung wird ein Bonus von 0,1% vom Vertragspreis geleistet bis zu maximal 5%.

Die *Vertragsstrafe* ist in identischer Art aufgebaut und dient als Druckmittel. Sie ist unabhängig davon fällig, ob dem Auftraggeber ein Schaden entstanden ist oder nicht. Weitergehende Schadensersatzansprüche sind aus Sicht des Auftragnehmers explizit auszuschließen.

Am häufigsten beziehen sich *Incentive-* und *Penalty-Vereinbarungen* auf messbare Parameter, z. B. Leistung, Verbrauch, Durchlaufzeiten, Produktionszahlen, Termine und Meilensteine, Verfügbarkeit, Reaktionszeiten im Servicefall und/oder auch auf zu erstellende Dokumente.

4.3.14 Pauschalisierung Schadensersatz – Liquidated Damages

Beim pauschalisierten Schadensersatz muss der Auftraggeber nachweisen, dass ihm ein Schaden entstanden ist, der pauschal, meist über eine %-Regelung durch den Auftragnehmer abgegolten wird.

Im Gegensatz zum deutschen Recht werden im anglo-amerikanischen Rechtsraum „*Liquidated Damages (LD)*" vertraglich vereinbart, die den Auftraggeber jedoch nicht verpflichten den Schadensnachweis und den Nachweis über die Schadenshöhe zu führen. Die angemessene Schadensbemessung, die durch den Auftragnehmer abgegolten wird, ist bereits im Vertrag festgelegt.

> *Weitergehende Ansprüche sind aus Sicht des Auftragnehmers*
> *explizit auszuschließen.*

4.3.15 Inspektionsrecht – Right of Inspection

Um eine qualitätsgerechte Fertigung und den Arbeitsfortschritt des Auftragnehmers sowie von dessen Lieferanten zu überwachen, kann sich der Auftraggeber über vertraglich geregelte *Inspektionsrechte* den Zugang zu den Fertigungsstätten sichern. Dann kann der Auftraggeber zu vertraglich festgelegten Meilensteinen, auch als „*Witness Points*" bezeichnet, zusammen mit dem Auftragnehmer an durchzuführenden Tests teilnehmen und diese *Teilarbeitsergebnisse* abnehmen. Üblicherweise behält sich der Auftraggeber bei im Rahmen der Inspektion festgestellten Fehlern oder Mängeln eine Rückweisungsmöglichkeit vor.

Vertraglich werden

- der Ort,

- der Zeitpunkt und

- die Kostenaufteilung für die *Inspektion* sowie

- die daraus resultierenden Ereignisse, z. B. die Versandfreigabe,

vereinbart.

Der Auftragnehmer muss diese vertraglichen Inspektionstermine mit einer angemessenen Frist, z.B. von 15 Tagen vor Ausführung eines Tests, dem Auftraggeber mit Tag, Uhrzeit und Ort ankündigen, so dass dieser bei Interesse einen Inspektor entsenden kann. Vereinzelt treten gegenüber dem ursprünglichen Terminplan auch positiv wie negativ Terminverschiebungen auf, deshalb muss die Inspektion wirklich fristgerecht angekündigt werden. Der Auftraggeber kann dann selbst entscheiden, inwieweit er von seinem Inspektionsrecht Gebrauch macht. Übt er es nicht aus, ist es sinnvoll, dass sein Inspektionsrecht für diesen einen Test verwirkt ist, damit der weitere Projektablauf nicht behindert oder gestört wird. Nachträglich hat er dann kein Recht mehr auf Einwände.

Das Inspektionsrecht beschränkt sich nicht nur auf die Fertigung, sondern ist auch in allen anderen Projektphasen möglich, wie z.B. Engineering, Einkauf, Versand, Montage und Inbetriebnahme.

Damit sichert sich der Auftraggeber den Zugang zum Arbeitnehmer und seinen Lieferanten, um sich „persönlich" vom Arbeitsfortschritt zu überzeugen. Dies ist ein wichtiges Controlling-Instrument, auch gerade in Richtung der eigenen Lieferanten.

4.3.16 Leistungs- und Vollständigkeitsprüfung – Performance and Completion Test

Der *Leistungstest (Performance Test)* erfolgt meist nach erfolgreichem *Probebetrieb (Trial Run)* und dient zum Nachweis, ob die vertraglich „vereinbarten" Parameter erreicht werden.

Es ist entscheidend, sich auf ein beiderseits anerkanntes und normiertes Verfahren für den Leistungstest zu einigen. Darüber hinaus muss festgelegt werden, durch wen die Tests durchgeführt werden und ob ein Gutachter zur Beweissicherung zu Rate gezogen wird. Zusätzlich ist auch vertraglich festzulegen, wer die Kosten für die eigentlichen Tests trägt und wem die Verantwortung für die Bereitstellung des Betriebspersonals und der Verbrauchsstoffe obliegt.

Diese Punkte geben immer wieder Anlass zu Missverständnissen und Interpretationen, deshalb kann nur empfohlen werden die Klärung vor Vertragsabschluss herbeizuführen.

Ein Leistungstest kann auch die *Werksabnahme – Factory Acceptance Test (FAT)* – sein, die eine Vorstufe zum Leistungstest für einzelne Gewerke oder bestimmte Systeme darstellt. Dafür ist auch zu regeln, inwieweit der Auftraggeber an der Werksabnahme teilnehmen möchte (Witness oder

Inspection Point). Dies ist üblicherweise in *Qualitätskontrollplänen (QKP)* mit dem Auftraggeber und/oder den Lieferanten festgelegt.

Zusätzlich gibt es noch den *Site Acceptance Test (SAT)*, der auf der Anlage unter Betriebsbedingungen durchgeführt wird, um das gesamte Zusammenspiel der einzelnen Systeme zu überprüfen. Er stellt meist die Vorstufe zu Probebetrieb und Abnahme dar.

Bei der *Vollständigkeitsprüfung* wird überprüft, inwieweit die vertraglich vereinbarten Lieferungen und Leistungen erfüllt sind. Nach Abschluss der Prüfung wird ein schriftliches Protokoll erstellt und die noch fehlenden Punkte werden mit Erledigungstermin dokumentiert.

4.3.17 Vertragsunterbrechung – Suspension of Contract

Im Vertrag kann eine „kostenfreie" *Unterbrechungszeit* festgelegt werden, die auch als *„Sistierung"* bezeichnet wird.

„Sistierung" bedeutet grundsätzlich eine ungeplante Unterbrechung des Vertrages auf Wunsch des Auftraggebers, wobei zunächst ungeklärt ist, inwieweit das Projekt weitergeführt wird.

Für eine bestimmte Dauer kann dies für den Auftraggeber kostenfrei erfolgen, sofern dies vertraglich vereinbart ist. Wird diese kostenfreie Unterbrechungszeit überschritten, können ab diesem Zeitpunkt entstandene Kosten für Lieferungen, Wareneinlagerung, Unterbrechung der Planungsarbeiten usw. geltend gemacht werden. Dazu gehören auch die Rüstzeiten und -kosten für die Unterbrechungszeit.

4.3.18 Vertragsbeendigung – Termination of Contract

Im Vertrag ist auf jeden Fall festzulegen, aus welchen Gründen der Auftraggeber kündigen kann und wie eine solche Kündigung abläuft. Gründe können z. B. erhebliche Verzögerungen, höhere Gewalt oder eine *wesentliche Minderleistung* des Systems sein.

Natürlich stellt sich in diesem Zusammenhang die Frage, was eine *wesentliche Minderleistung* ist. Häufig wird dazu ein Grenzwert im Vertrag festgelegt, z. B. dass eine Minderleistung von mehr als 20% als wesentliche Minderleistung anzusehen ist und dadurch der Weiterbetrieb für den Auftraggeber unzumutbar ist.

In gleicher Weise kann mit erheblichen Verzögerungen verfahren werden, d.h. durch Festlegung einer Frist, innerhalb der das System spätestens zur Abnahme bereitgestellt wird.

Für den Fall der Kündigung durch den Auftraggeber – ohne Verschulden des Auftragnehmers – ist zumindest festzulegen, dass dem Auftragnehmer die aufgelaufenen Aufwendungen zu erstatten sind sowie seine finanziellen Verpflichtungen gegenüber Partnern und Lieferanten, wie z.B. Stornokosten. Alternativ dazu könnte auch eine Rücktrittskostenkurve vereinbart werden.

4.3.19 Anwendbares Recht – Applicable Law

Im Vertrag ist auch zu vereinbaren, welches *Landesrecht* im Falle von fehlenden Regelungen im Vertrag zur Anwendung kommt. Die Wahl des anwendbaren Rechts bestimmt auch die weitere Ausgestaltung des Vertrags.

4.3.20 Streitigkeiten und Schiedsgericht – Dispute and Arbitration

Für *Rechtsstreitigkeiten* sind die staatlichen Gerichte zuständig. Jedoch ist gerade im internationalen Umfeld nicht auszuschließen, dass Gerichte von nationalen Interessen geführt werden, was sich unter Umständen nachteilig auswirken kann. Zur Umgehung solcher Probleme wird eine explizite *Schiedsgerichtsvereinbarung* in den Vertrag aufgenommen, die einen neutralen Ort und das für die Schiedsgerichtsbarkeit zur Anwendung kommende Recht festlegt.

Ein Schiedsgerichtsverfahren hat gegenüber einem Verfahren vor einem staatlichen Gericht verschiedene Vorteile. Es ist schneller, kostengünstiger und findet unter Ausschluss der Öffentlichkeit statt. Es wird von Schiedsrichtern – je ein Vertreter für Auftraggeber und Auftragnehmer und eine neutrale Person – geleitet, die von den Parteien selbst bestimmt werden. Sie verfügen häufig über Fach- und Sachkenntnisse.

Schiedsgerichtsordnungen können nach der Schiedsgerichtsordnung der Internationalen Handelskammer Paris, ICC, ablaufen oder auch nach anderen Verfahren, wie z.B. die EIS in Deutschland oder die AAA in den USA.

Alternativ kann die Mediation vorgeschaltet werden, die eine Streitbeilegung außergerichtlich anstrebt. Die Mediation ist grundsätzlich nicht endgültig und bindend.

4.3.21 Vertragssprache – Contract Language

Auch die verbindliche Vertragssprache zwischen den Partnern ist festzulegen. Sie ist die Grundlage für die Kommunikation und die Interpretation des Vertragswerkes.

4.3.22 Steuern und Zölle – Taxes, Duties

Im Vertrag ist auch zu regeln, wer für die bei der Einfuhr von Lieferungen anfallenden *Steuern* und *Zölle* verantwortlich ist und diese trägt. Im Idealfall erhält der Auftraggeber eine *Tax Exemption – Zollbefreiung –*, die an den Auftragnehmer weitergegeben wird.

Hinweis:

In diesem Zusammenhang ist auch zu klären wer die Verantwortung und Kosten für *Genehmigungen (Permits)* trägt. Darunter können Bau-, Einreise-, Arbeits- und Betriebsgenehmigungen usw. fallen.

4.3.23 Geheimhaltungsvereinbarung – Secrecy Regulations

Die *Geheimhaltungsvereinbarung* (auch *Non Disclosure Agreement – NDA – genannt*) dient zum Schutz vor der Weitergabe von Informationen an Dritte. Ziel ist es, das eigene Know-how zu schützen. Den am Projekt beteiligten Personen ist das Non Disclosure Agreement aufzuerlegen.

Zusätzlich ist zu beachten, dass auch nach Beendigung des Vertragsverhältnisses keine Informationen weitergegeben werden dürfen.

4.3.24 Entschädigungsleistung, Freistellung – Indemnification

Die *Indemnification* ist die Haftungsfreistellung des Auftraggebers durch den Auftragnehmer. Im Fall, dass Dritte Ansprüche gegenüber dem Auftraggeber wegen Schäden stellen, die dem Auftragnehmer zuzurechnen sind, ist dieser von Haftung freigestellt, dafür hat der Auftragnehmer entsprechend einzustehen.

4.3.25 Abnahme und Mängelhaftungszeit – Taking-Over and Warranty Period

Zunächst stellen die Vertragspartner gemeinsam fest, ob die vertraglich vereinbarten Voraussetzungen zur *Abnahme* erfüllt sind. Ist dies der Fall, z. B. durch den Nachweis von Protokollen und Zertifikaten, kann die Abnahme erfolgen und es wird die Vertragskonformität festgehalten. Mit erfolgreicher Abnahme erfolgt der Gefahrenübergang vom Auftragnehmer auf den Auftraggeber und die Vergütung wird fällig. Das fertig gestellte Werk ist vertragsgemäß erfüllt, es beginnt die *Mängelhaftungszeit*.

Für den Fall eines Mangels während dieser Zeit verpflichtet sich der Auftragnehmer, das mangelhafte Teil auszutauschen und den Mangel zu beseitigen.

Die Abnahme wird meist durch ein *Abnahmeprotokoll* oder *PAC (Provisional Acceptance Certificate)* dokumentiert. Für noch offene, die Abnahme nicht verhindernde unwesentliche Punkte ist es üblich, das Abnahmeprotokoll durch eine *Restpunkteliste* oder *Punch Item List* zu ergänzen. Diese Punkte sind durch den Auftragnehmer innerhalb einer in der Regel vertraglich vereinbarten Zeit zu beheben. Meist hält der Auftraggeber für diese Punch Item List Zahlungen zurück. Entscheidend für die erfolgreiche Abnahme sind das vertragliche Festlegen von „objektiven" *Abnahmekriterien* und das zum Einsatz kommende *Abnahmeverfahren*. Nach erfolgreicher Abnahme erfolgt die Rückgabe des *Performance Bonds* (siehe nächster Abschnitt) an den Auftragnehmer.

Am Ende der Mängelhaftungszeit steht die endgültige Abnahme, im internationalen Umfeld meist als *FAC (Final Acceptance Certificate)* bezeichnet. Zu diesem Zeitpunkt werden meist nochmals die zwischenzeitlich neuen offenen Punkte aufgenommen, geklärt und erledigt. Danach, mit dem Erhalt des FAC, gibt der Kunde die *Mängelhaftungsgarantie (Warranty Bond)* zurück.

> *Es sollte vermieden werden, dass an die endgültige Abnahme Zahlungen geknüpft sind, da im Zweifelsfall der Auftraggeber ein weiteres Druckmittel besitzt und der Erhalt der letzten Rate sich verzögert und im schlimmsten Fall völlig ausbleibt.*

Für während der Mängelhaftungszeit ausgewechselte Teile oder erbrachte Leistungen beginnt die Mängelhaftungszeit von neuem, sie dauert jedoch längstens bis zum vertraglich vereinbarten *Spätesttermin* der Mängelhaftungszeit. Wichtig hierbei ist, dass die allgemeine Mängelhaftungszeit nicht behindert wird (vgl. Kapitel 4.7, Fallstricke).

Die Mängelhaftung ist für Bedienfehler, übermäßige Nutzung, eigenmächtige Änderungen und Reparaturen, Bedienfehler und Verschleißteile auszuschließen.

4.3.26 Garantien und Bürgschaften – Bonds and Guarantees

Im Exportgeschäft finden meist die

- *Bietungs- (Bid Bond)*
- Anzahlungs- *(Advance Payment Bond)*
- *Leistungs- (Performance)* und die
- *Mängelhaftungsgarantie (Warranty Bond)*

„auf erste Anforderung" Anwendung. Sie dienen dem Auftraggeber zur Absicherung des grundlosen Rückzugs eines Angebotes oder der Nicht-Erfüllung der vertraglich vereinbarten Verpflichtungen durch den Auftragnehmer in den einzelnen Projektphasen. Die Höhe der Garantien oder Bürgschaften liegt meist zwischen 5 und 10% vom Auftragswert (Völkel).

„Auf erste Anforderung" bedeutet, dass dem Auftraggeber allein durch die schriftliche Anforderung bei der Bank des Auftragnehmers die in der Bürgschaft vereinbarte Summe ausgezahlt wird. Der Auftraggeber sichert sich damit für Vertragsverstöße durch den Auftragnehmer ab.

Hinweis:

> *Der Auftragnehmer sichert sich seinerseits mit einem Akkreditiv*
> *z. B. durch einen Letter of Credit (L/C) vor dem Zahlungsausfall*
> *des Auftraggebers ab (vgl. 4.7 Fallstricke).*

4.3.27 Haftung – Liability

Der Auftragnehmer ist für die rechtzeitige, ordnungsgemäße Erfüllung des Vertrags gegenüber dem Auftraggeber verantwortlich. Fügt der Auftragnehmer dem Auftraggeber im Rahmen dieser Vertragserfüllung Schäden zu, muss der Auftragnehmer für von ihm verursachte Schäden durch Zahlung von Schadenersatz einstehen.

Um das Risiko für den Auftragnehmer zu begrenzen, wird meist ein Betrag pro *Schadensereignis* bis zu einem Maximalbetrag vereinbart. Diese Werte orientieren sich meist am *Deckungsschutz* der Betriebshaftpflichtversicherung. Folgeschäden, Produktionsausfall, entgangener Gewinn sind auszuschließen.

4.3.28 Haftungsbegrenzung – Limit of Liability

Die *Haftungsbegrenzung* bezeichnet die absolute Höchstgrenze, üblicherweise angegeben in Prozent vom Auftragswert. Die Forderungen aus Verzug, Leistungsmängeln usw. könnten theoretisch größer als die maximale Haftungsbegrenzung sein.

4.3.29 Vertragsbeginn – Effective Date of Contract

Voraussetzungen für den Vertragsbeginn sind idealerweise die Eröffnung des L/C, die Verabschiedung von Projektterminen, der Erhalt von behördlichen Genehmigungen, erhaltene Zahlungen sowie die Bereitstellung von Sicherheiten und Finanzierungen.

4.3.30 Aufgabenteilung und Mitwirkungspflichten – Division of Work (DOW) and Obligations

Die *Aufgabenteilung* zwischen Auftraggeber und Auftragnehmer wird meist in einer Verantwortungsmatrix dargestellt, die als *„Kreuzchen-Liste"* oder auch häufig als *„Division of Work"* oder *„Work Package Responsibility"* bezeichnet wird. Ein Beispiel ist im Anhang 7.3 aufgeführt. In der dort dargestellten Detaillierungstiefe wird die Aufgabenteilung häufig im Innenverhältnis, also im Konsortium, und in Richtung Lieferant angewendet. In Richtung Auftraggeber erreicht sie meist nicht die Detaillierung, da Projekte oft als Turnkey-Projekte vergeben werden.

Neben den Verantwortungen sind auch die Mitwirkungspflichten der Vertragspartner zu definieren. Eine umfassendere Aufzählung folgt im Kapitel 4.4 Mitwirkungspflichten, hier sollen nur einige davon beispielhaft genannt werden:

- Übergabe der Ausführungsunterlagen.

- Beantragung und Herbeiführung der öffentlich-rechtlichen Genehmigungen.

- Zahlung der vereinbarten Raten ohne Verzug.

- Informationspflicht bei Abweichungen, Behinderungen und Störungen im Ablauf.

- Koordinierungspflicht auf der Baustelle, z. B. Arbeiten koordinieren. Eine Verletzung der Koordinationspflicht ist eine Behinderung.

- Unverzügliche, schriftliche Anmeldung von Bedenken, soweit diese sich auf die Art der Ausführung, die Güte beigestellter Stoffe oder Lieferungen anderer Unternehmer beziehen.

- Bereitstellung von Zufahrtswegen, Lagerplätzen, Anschlüsse für Wasser und Energie, Kosten für Verbrauch von Wasser oder Energie (hier ist zu regeln, in welchem Verhältnis diese Kosten zwischen Auftraggeber und Auftragnehmer verteilt werden).

- Ersatz von während der Ausführung als mangelhaft erkannten Leistungen auf eigene Kosten.

4.3.31 Eigentumsübergang – Transfer of Title

Letztendlich ist im Vertrag auch zu regeln, wann der *Eigentumsübergang* erfolgt.

> *Hinweis: Der Eigentumsübergang ist nicht in den INCOTERMS geregelt.*

4.4 Mitwirkungspflichten

Für erfolgreiches Claim Management ist es wichtig, die Spielregeln von Anfang an und so früh wie möglich zu klären.

Wer hat welche Verantwortung und muss was, zu welchem Zeitpunkt, in welcher Qualität, wo und auf welcher Basis zur Verfügung stellen?

Fleming beschreibt dies wie folgt:

I keep six honest men (they taught me all I knew); their names are **What** and **Why** and **When** and **How** and **Where** and **Who**.

4.4.1 Wesentliche Mitwirkungspflichten

Die *Mitwirkungspflichten* zwischen Auftraggeber und Auftragnehmer sind unter Berücksichtung der „Six Honest Serving Men" zwischen den Partnern zu verabschieden. Selbstverständlich existieren branchenspezifische Anpassungen, die bei der Festlegung der Mitwirkungspflichten zu berücksichtigen sind.

In der Praxis obliegt dem Auftragnehmer meist der größere Anteil an Mitwirkungspflichten, jedoch sind ebenso die *Beistellungen* des Auftraggebers vertraglich festzulegen. Das gilt für wesentliche und genauso für vermeintlich unwesentliche Beistellungen bzw. Mitwirkungspflichten. Wichtig dabei ist das gemeinsame Verständnis, dass beide Partner, der Auftraggeber und der Auftragnehmer, einen Beitrag zum Projekterfolg leisten.

Die Mitwirkungspflichten sind die Voraussetzungen, um später ein erfolgreiches Claim Management realisieren zu können. Sie geben – neben einem möglichst präzise beschriebenen Liefer- und Leistungsumfang – das vertragliche Soll vor und ermöglichen es dem Claim Manager, während der Abwicklung des Projekts einen Ist-Vergleich durchzuführen. Fehlt das Soll, ist die von Erfahrung geprägte Sichtweise von Böker sehr zutreffend:

Alles, was nicht im Vertrag eindeutig festgelegt ist, geht in der Regel zu Lasten des Auftragnehmers.

Die Mitwirkungspflichten sind vertraglich festzuhalten; die verantwortliche Führung liegt beim (Angebots-)Projektleiter. Der Projektleiter zieht den Contract oder Claim Manager zu Rate, der ihn bei der Formulierung und Fixierung dieser Punkte unterstützt. Weitere unterstützende Information kommt von den Projektteammitarbeitern, die natürlich am besten wissen, welche Voraussetzungen, also Mitwirkungspflichten, für ihre Arbeit bzw. Gewerke notwendig sind. Diese Schnittstellen zwischen

Auftraggeber, Auftragnehmer, Partnern und Lieferanten sind präzise zu beschreiben.

Für kleine, weniger aufwändige Projekte (zur Definition siehe Kapitel 3.2.3) übernimmt der Projektleiter die Aufgaben von Contract und Claim Manager sowie den Projektteammitarbeitern quasi in Personalunion; er liest den Vertrag aus Projektabwicklungssicht.

Außerdem sind die inhaltlichen Anforderungen und Voraussetzungen durch das zukünftige Projektteam in den Vertrag einzubringen, d. h. es ist sinnvoll, dass Erfahrungen aus dem Abwicklungsumfeld mit einfließen.

Worauf ist besonders zu achten, welche Aspekte tauchen immer wieder auf, was ist idealer Weise zu klären?

- Festlegung des gesamtverantwortlichen Projektleiters auf Auftragnehmerseite und des Ansprechpartners auf Auftraggeberseite mit deren jeweiliger Verantwortung und Entscheidungsbefugnis. Dabei ist es durchaus möglich, dass Verantwortungstrukturen beim Auftragnehmer auf Auftraggeberseite „gespiegelt" sind und auch der Verantwortliche beim Auftraggeber als „Projektleiter" bezeichnet wird.

- Stellvertreterregelung für Schlüsselpersonal

- Bereitstellung der Infrastruktur wie z. B. maßgerechte Fundamente, fertig gestellte Gebäude, Zufahrtsstraßen, kontinuierliche Stromversorgung, Büroräume, Betriebsmittel, Werkzeuge, Lagerräume, Arbeitsplätze, Montageflächen, Rechnerkapazitäten, Software, Telefone, besenreine Schaltanlagen und Warten, Anschlüsse für Betriebsmedien

- bevollmächtigte Repräsentanten der Vertragspartner z. B. auf der Baustelle/Anlage

- Zugangsberechtigungen und Zugangszeiträume

- Betriebsmittel

- Auslegungsdaten, technische Gutachten, Berechnungen, Zeichnungen und Unterlagen

- Beistellungen mit Terminen (Beispiele: Bereitstellung durch den Auftraggeber z. B. von Strom, Speisewasser, Instrumentenluft, Beleuchtung am 25.08.2003, Zugang zu besenreinen Räumen des Auftraggebers am 23.08.2003, Zufahrt zum Auftraggeber-Gelände am 02.05.2003, Technische Auslegungswerte am 15.01.2003, Ansprechpartner des Auftraggebers 01.11.2002, behördliche Baugenehmigungen 01.03.2003)

- Übergabequalität definieren, z. B. Typicals bei Unterlagen, Lieferqualität bei Systemen, Material und Software

- Transmittals (das sind Begleit- und Übergabeschreiben, die das Übergebene auflisten und auf denen der Empfänger den Erhalt mit seiner Unterschrift bestätigt) einsetzen und Freigabeprozeduren

- Qualifikation des einzusetzenden Personals

- Schnittstellendefinitionen

- Übergabepunkte einschließlich geografischer Lage
  (Der tatsächliche Einbauort ist zum Beispiel ein Schaltschrank, der an einem definierten Ort mit einer festgelegten Kennung steht. Dieser Ort wird über Koordinaten z. B. in Anordnungsplänen festgelegt. Diese Informationen können zum einen schematisch, also ohne Koordinaten, dargestellt sein oder in Detailzeichnungen mit Koordinaten angegeben.)

- Liefergrenzenschema

- Konfliktlösung

- Freigabeprozedere

- Arbeitszeiten beim Auftraggeber, Überstundenregelung

- Genehmigungen

- Sicherheitsdienste

- Unterkünfte

- Koordinierungspflicht

- Visa

- Zahlungsprozedere

- Testdaten

- Baustellenübergabe

- Leistungstests:
  Welches genormtes Verfahren wird eingesetzt, Dauer, Zielparameter, wer stellt welches Personal, welche Messinstrumente, Kostenübernahme, Wiederholungsrecht bei Misserfolg, Protokollinhalte.

Die oben beschriebenen Punkte sind eine kleine Auswahl an typischen, generischen Mitwirkungspflichten, die immer wieder in Projekten auftreten. Diese Mitwirkungspflichten sind abhängig von der Branche und den Vertragsinhalten (in Kapitel 4.3 und 4.4 beschrieben) noch um die projektspezifischen Erfordernisse zu erweitern.

Bei der Vertragsgestaltung werden die Mitwirkungspflichten und Vertragsinhalte in Bezug zueinander gesetzt, um die zu erbringende Leistung und Gegenleistung (auch Voraussetzung zum Erbringen einer Leistung) des Auftraggebers bzw. Auftragnehmers zu beschreiben.

Ein Beispiel aus dem kaufmännischen Umfeld:

- Zahlungsprozedere, Regelung im Vertrag:

  Anzahlung durch den Auftraggeber (AG) in Höhe von 20% des Vertragspreises innerhalb von 10 Tagen nach Vertragsbeginn. Voraussetzung hierfür ist die Bereitstellung einer Anzahlungsgarantie durch den Auftragnehmer (AN).

  Interpretation:

  Der Auftraggeber leistet innerhalb von 10 Tagen nach Vertragsbeginn seine Anzahlung (Mitwirkungspflicht AG). Als Voraussetzung hierfür hat der AN jedoch eine Anzahlungsgarantie dem AG bereitzustellen (Mitwirkungspflicht des AN und zugleich Voraussetzung für die Leistung des AG, also „Gegenleistung").

Im technischen Umfeld, z. B. zur Montage von Aufzügen, beschreiben Dornbusch/Plum die zu erbringenden Vorleistungen des Auftraggebers, also Mitwirkungspflichten, wie folgt:

Maschinenraum:

- Estrich hergestellt
- Ölfester Anstrich und Lecköschwelle hergestellt
- Tür vorhanden, versehen mit Beschlägen und Schließzylinder
- Beleuchtung und Stromanschluss installiert
- Aussparung für Be- und Entlüftung hergestellt
- Beleuchtete und unfallsichere Zugangmöglichkeit
- Raumhöhe nach Ausführungszeichnung hergestellt
- Bauschutt und Bauschalungsreste beseitigt

Schachttüröffnung:

- Bodenanschlüsse an den Schachttüren hergestellt
- Aussparungen für Außentableaus und Etagenanzeigen vorhanden
- Türöffnungen nach Ausführungszeichnung innerhalb der zulässigen Toleranzen hergestellt

- Sturzhöhe nach Ausführungszeichnung hergestellt

Schacht:

- Estrich hergestellt

- Ölfester Anstrich vorhanden

- Schachtentlüftung hergestellt

- usw.

Dornbusch/Plum schreiben weiter:

> *„Perfekt wäre es, wenn solche Listen für alle Gewerke vorlägen und*
> *miteinander abgeglichen werden. Das wäre Schnittstellen-*
> *Management in Perfektion, gerade bei der Abwicklung von*
> *Verträgen im Schlüsselfertigbau ein entscheidender Erfolgsfaktor."*

Ohne Kenntnis des Vertrages und laufende Kontrolle der Ausführungsplanung lassen sich Abweichungen vom Vertrag nicht erkennen. Da mit
der Ausführungsplanung (Detailed Design) der Grundstein für die Ausführung (Procurement, Fertigung, Versand, Montage, Inbetriebsetzung) gelegt
wird, ist die laufende und nachhaltige Prüfung dieser Unterlagen und ein
Vergleich mit den Vertragsunterlagen zwingend erforderlich.

Mit anderen Worten:

> *„Ohne gutes Management und Claim Management sind die mit*
> *dem Pauschalpreisvertrag im Schlüsselfertigbau (Turnkey)*
> *übernommenen Risiken und Pflichten nicht beherrschbar*
> *zu machen."*

4.5 Vertragsstruktur

Die schematische Visualisierung der Vertragspartner und deren vertragli-
cher Beziehungen untereinander – oft einfach etwas missverständlich als
„Vertragsstruktur" bezeichnet – dient zur Ermittlung und der einfacheren
Erkennung, wer mit wem in welcher Vertragsbeziehung steht.

Oftmals werden Vertragsbeziehungen angenommen, weil ein Vertragspartner einem Konzern angehört, der mit dem anderen Vertragspartner
auch noch ein weiteres Vertragsverhältnis hat, z. B. im Produktlieferge-
schäft. Nach Bild 4.1 würde etwa zwischen Konsorte A mit Unterlieferant
1.1 kein Vertragsverhältnis bestehen, obwohl beide möglicherweise dem-
selben Unternehmen angehören.

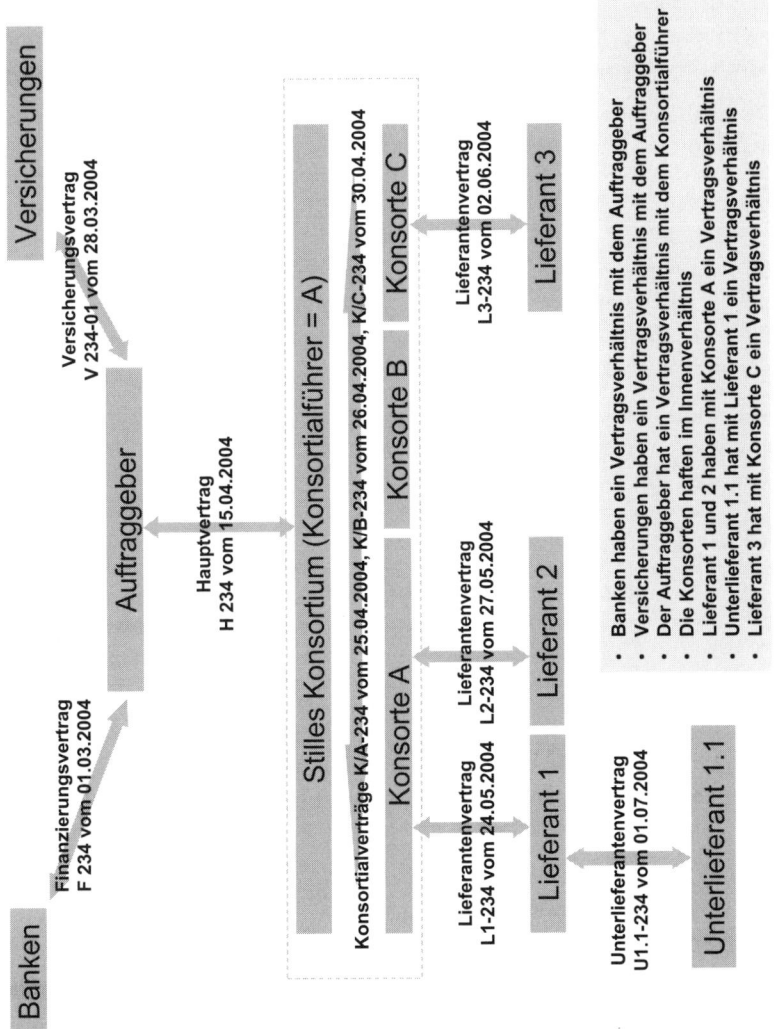

Bild 4.1
Vertragsstruktur

Darüber hinaus ist auch anzugeben, wie dieser Vertrag bezeichnet wird (Titel) und welche Version gültig ist oder gerade verhandelt wird. Während den Vertragsverhandlungen entstehen meist mehrere Überarbeitungen, und so ist es wichtig, welche Version letztlich gültig geworden ist. Deshalb ist die Referenzierung unbedingt notwendig, z. B. L2-234 vom 27.05.2004. Das mag banal klingen, jedoch kommt es immer wieder vor, dass der Projektleiter (evtl. trotz ISO-Zertifizierung seines Unternehmens) nicht in der Lage ist, die tatsächlich gültigen Verträge zu referenzieren bzw. vorzulegen.

Da wirklich bis zur letzten Sekunde vor Vertragsunterzeichnung Änderungen auftreten können, gilt unbedingt:

> *Der Projektleiter benötigt für seine Aufgabe die Originalverträge mit Unterschrift bzw. Kopien der Originalverträge.*

Dies sollte bei nach ISO 9000 zertifizierten Unternehmen keine Schwierigkeit darstellen. Für Verträge in „ausgefallenen" Sprachen, wie z.B. Russisch, Chinesisch, Arabisch usw. ist es sinnvoll, eine beglaubigte Übersetzung einzusetzen.

Es kommt immer wieder vor, dass gerade diese Schlüsseldokumente aufgrund der vielen verschiedenen Projektbeteiligten nicht sofort greifbar sind und mit veralteten Versionen gearbeitet wird. Sinngemäß heißt es dann bei den Projektbeteiligten oft: „...nur an ein paar unwichtigen Stellen hat sich etwas geändert, der Rest ist geblieben." Es gilt (vgl. Kühnel):

> *Grundlage jedes Claims ist der Vertrag in seiner rechtlich wirksamen Erscheinungsform, nicht in irgendeiner der vorher verhandelten Entwurfsformen.*

Die soeben beschriebene Vorgehensweise birgt das hohe Risiko, dass die vollen Auswirkungen der Änderungen unzureichend erkannt und eingeschätzt werden. Vertragstrukturen sind deshalb bereits in der Angebotsphase, spätestens zu Projektbeginn zu erstellen, um die vertraglichen Beziehungen zu visualieren.

> *Zusätzlich ist die einheitliche und zentrale Ablage der Vertragsdokumente notwendig, damit der Zugriff auf die gültige Vertragsversion möglich ist und auch im Falle von Personalwechsel eine schnelle Einarbeitung gewährleistet ist.*

Sollten dann tatsächlich unmittelbar nach Vertragsunterschrift Änderungen gefordert werden, werden diese – insbesondere wenn Mehrungen oder zusätzliche Risiken dadurch entstehen – von den Partnern abgelehnt und führen zum ersten Claim.

Da die Vertragstruktur (Bild 4.1) visualisiert, wer mit wem in einem vertraglichen Verhältnis steht, zeigt sie letztendlich auch, wer mit wem tatsächlich in einer rechtlichen Beziehung steht.

> *Die Vertragsstruktur ist in der Angebotsphase zu entwickeln!*

Dies geschieht am besten unter Mitwirkung des Contract Managers. Die Federführung obliegt jedoch wie immer dem Projektleiter und dem Juristen. Dabei wird nicht nur der Hauptvertrag betrachtet, sondern auch die *Lieferanten- und Partnerverträge* werden mit einbezogen. Letztere erfordern natürlich die gleiche Sorgfalt bei der Vertragsgestaltung wie der *Hauptvertrag* mit dem Auftraggeber. Professionelle Unterstützung kann hier der *Projekteinkäufer* leisten.

4.6 Vertragsanalyse

„Vertragsanalyse? Die Zeit kann ich mir doch sparen. Ich weiß, doch was ich zu tun habe." So oder ähnlich lautet sinngemäß immer wieder die Aussage von Projektleitern. Bei genauem Nachfragen stellt sich dann doch heraus, dass grundlegende Aspekte technischer, kommerzieller und juristischer Art nicht detailliert genug oder nur vage bekannt sind.

Gerade deshalb ist es sinnvoll, mit dem Projekt(kern)team eine Vertragsanalyse durchzuführen. Nur so lässt sich sicherstellen, dass die eigenen Chancen aus dem Vertrag wirklich identifiziert werden können. Ein weiterer Effekt der Vertragsanalyse: Das Projektteam wird ins Boot geholt und identifiziert sich mit der Aufgabe.

Wozu dient die Vertragsanalyse?

- Zur Feststellung des geschuldeten Liefer- und Leistungsumfangs unter Berücksichtigung der Vertragsbedingungen. Diese können sich bis unmittelbar vor Vertragsunterzeichnung ändern. Eine Vertragskommentierung durch den Juristen im Rahmen der Vertragsanalyse ist unumgänglich. Der Jurist erläutert dabei nicht nur den Vertrag, sondern legt auch die für ihn noch akzeptable Fomulierung fest. Die Vertragskommentierung muss aber nicht mit einer physischen Präsenz des Juristen verbunden sein.

- Zur Feststellung der Auftraggeber-Leistungen und von dessen Mitwirkungspflichten.

- Zum Erkennen der Risiken und Chancenverteilung zwischen Auftraggeber und Auftragnehmer.

- Zum Sicherstellen des Wissenstransfers. Mit der Vertragsunterzeichnung erfolgt meist ein Personalwechsel im Projekt. Der gewonnene Auftrag wird dem Realisierungs- oder Abwicklungsteam übergeben, sowohl beim Auftraggeber als auch beim Auftragnehmer. Um die Kontinuität zu erhalten, wird diese Übergabe idealerweise vermieden, jedoch ist das nicht immer möglich.

- Zur Vorbereitung auf das erste Kickoff-Meeting mit dem Auftraggeber mit dem Ziel, unklare Vertragsbedingungen, Beistellungen der Partner und sonstige Ungereimtheiten einvernehmlich zu klären. *Erfahrungsgemäß lohnt das Vertagen dieser „unangenehmen Punkte" nicht, die Realität holt einen wieder ein.*

- Damit bereits vorab Klarheit über die Vorgehensweise bei Änderungen – Change Orders und Claims – besteht, insbesondere das damit verbundene und vertraglich festgelegte Prozedere.

- Zur Kenntnis der technischen und kommerziellen Bedingungen des Kundenvertrages, des Konsortialvertrages sowie der Verträge mit Lieferanten.

Wie setzt sich das Projektkernteam zusammen?

Zum Zeitpunkt der Vertragsanalyse setzt sich das Projektkernteam aus dem Projektleiter, dem kaufmännischen Projektleiter, den Teilprojektleitern, dem Projekteinkäufer und dem Claim Manager zusammen. Später kommt oder kommen dazu eventuell noch der oder die Projektsteuerer. Für die Vertragsanalyse ist es sinnvoll, zusätzlich auch den Vertrieb, den Angebotsprojektleiter und den Contract Manager einzuladen, da diese Personen den Projektverlauf und sonstige Absprachen bis zu diesem Zeitpunkt am besten kennen.

Für weniger aufwändige und umfangreiche Projekte, wie z.B. Kategorie C/D, führt der Projektleiter in Personalunion dieses „Querlesen" des Vertrages selbst durch.

Idealerweise arbeitet das Realisierungsteam bereits in der Angebotsphase mit, um das Projekt bestmöglich zu verstehen, jedoch ist das aus Kosten- und Verfügbarkeitsgründen nicht immer möglich.

Wie kann eine Vertragsanalyse aussehen, wie wird sie durchgeführt?

Anhand einer Checkliste (vgl. Seite 94, Prüfpunkte) wird der Vertrag Punkt für Punkt systematisch durchgearbeitet und die Ergebnisse der Analyse werden in gekürzter Form in ein neues Dokument, den *Vertragsauszug*, mit Querverweis auf die jeweiligen Original-Vertragsparagraphen übertragen. Bild 4.2 zeigt ein reales Beispiel. Aus dem Gesamtwerk entsteht ein Vertragsauszug. Vage oder unklare Regelungen werden gekennzeichnet und als mögliches Risikopotenzial gekennzeichnet.

Für das Projekt- und Claim Management ist es von besonderer Bedeutung, welche formalen Kriterien und Abläufe im Rahmen des Projekts einzuhalten sind. Diese werden neben anderen Informationen Bestandteil des *Projekthandbuches* und stehen allen Projektmitarbeitern zur Verfügung. Bezogen auf das Claim Management können dies z.B.

- Fristen für die Anmeldung von Forderungen,

- der Freigabeablauf vor der Ausführung von Änderungen oder

- Fristen und Abläufe für das Anzeigen von Behinderungen im Projektablauf

sein.

Welche Aspekte können back-to-back weitergegeben werden?

Unter back-to-back weitergeben versteht man das Durchreichen der Vertragsbedingungen aus dem Hauptvertrag in einen Lieferanten- oder Konsortialvertrag. Der Vertragsauszug bildet dabei die Grundlage.

Für das Projektteam sind neben den beschriebenen Vertragsinhalten insbesondere die Abwicklungs- und Mitwirkungspflichten von Bedeutung. Es folgt exemplarisch eine Liste mit zu hinterfragenden Prüfpunkten, die ergänzend zu den bereits beschriebenen Vertragsinhalten zu sehen sind. Die Ergebnisse werden für jeden Prüfpunkt bezüglich der drei Aspekte

- An welcher Stelle im Vertrag ist dieser Punkt festgehalten?

- Wie ist die Regelung im Vertrag dargestellt: klar, unklar, unvollständig, widersprüchlich oder zu klären?

CONDITIONS OF CONTRACT		Number / Page of Specification
	Penalties/Bonus Arrangements	
1	For delayed Delivery	
	[X] per Day [ ] Week [ ] Month	$11.2 page 38
	[ ] Of delayed Portion [X] of Contract Value	18.500 USD/day
2	For delayed Commissioning	$ 8.3 page 25
	[ ] per Day [X] Week [ ] Month	$ 8.7 page 27
3	For delayed Drawing Submittal	No penalty for dwg's
4	Technical Penalty	
5	Limited to 15% of contract value [ ] Unlimitied	$10.1
6	Further Claims [ ] Yes [x] No	
	Excepted	
7	Bonus Arrangement for early Fulfillment	$ 12.1 page 42
8	Remarks:	5.000 USD/day max. 5% of contract value

Bild 4.2
Ausschnitt: Ergebnisse aus der Vertragsanalyse

- Welche Risiken resultieren daraus und wie sind sie zu bewerten (Tragweite in € x Eintrittswahrscheinlichkeit in %)?

in einer Tabelle festgehalten. Diese Tabelle steht dem gesamten Projektkernteam zur Verfügung.

Allgemeine Prüfpunkte

1. Wer ist/sind der Kunde, Endkunde und Ansprechpartner, Rechnungsempfänger, Auftraggeber, interne Ansprechpartner, Berater/Consultants, Konsorten, Konsortialführer, genehmigte Lieferanten

2. Meilensteine und Terminpläne

3. Ausschlüsse und Abweichungen zur Ausschreibung

4. Gesamt- und Schnittstellenverantwortung

5. Informationsverhalten

6. Selbstunterrichtung

7. Liefer- und Leistungsumfang (Kurzbeschreibung)

8. Patente

9. Nutzungsrechte

10. Fertigungszeichnungen, Know-how-Transfer und Lizenzen

Kaufmännische Prüfpunkte

11. Vertragsarten und Vertragsstruktur

12. Vertragsdokumente

13. Lieferanten, Konsorten, Konsortialführer

14. Back-to-Back Agreements (D.h. welche Regelungen aus dem Vertrag mit dem AG können in die Lieferantenverträge übernommen werden?)

15. Onshore/Offshore-Anteile

16. Lieferbedingungen nach INCOTERMS

17. Verpackungsvorschriften, Transportverfahren

18. Import- und Exportbeschränkungen

19. Kosten für Zoll, Zollabwicklung, Einfuhrsteuer

20. Zahlungsbedingungen

21. Pauschalpreis, Festpreis, nach Aufwand mit/ohne Mehrwertsteuer

22. Zahlungsziele mit Spätestfristen

23. Währungssicherung

24. Zahlungssicherheiten und Bürgschaften

25. Geheimhaltungpflichten

26. Local Content (d. h. der Auftraggeber fordert, dass lokale Anteile (Lieferungen oder Leistungen, meist in Prozentwerten vom Gesamtauftragswert festgelegt) im Auftraggeber-Land „eingekauft" werden müssen)

27. Ursprungszeugnisse

28. Salvatorische Klausel (d. h. die Teilunwirksamkeit einzelner Klauseln beeinflusst nicht die Gültigkeit der anderen Klauseln)

29. Gefahrenübergang

30. Eigentumsübergang

Abwicklungsbedingungen

31. Befugnisse, Weisungsrechte und Vertretungsregelungen

32. Schriftverkehrsregelung und Kennzeichnungssystematik

33. Ablagestrukturen

34. Freigabe von Fortschrittsberichten, Besprechungen

35. Bedeutung und Freigabe von Protokollen

36. Eskalation im Konfliktfall

37. Besetzung und Einberufung des Steering Committees

38. Projektorganisation mit Ansprechpartnern

39. Anlagenbeschreibungen, Funktionsbeschreibungen und Systembeschreibungen

40. Genehmigungsverfahren mit Behörden

41. Planungsarbeiten, Normen und Spezifikationen

42. Definition von Basic Design und Detailed Design

43. Genehmigung von Konzepten und Zeichnungen, Statusverfolgung wie z. B.
„for approval", „as approved", „for construction", „as-built"

44. Technische Gesamtverantwortung

45. Regelung zur Untervergabe, z. B. genehmigte Lieferanten

46. Rückweisung von Material und Personal

47. Haltepunkte, Qualitätsplan für Gesamtsystem

48. Zertifikate, Prüfprotokolle und Ursprungszeugnisse

49. Schnittstellendiagramme

50. Abnahmen, Teilabnahmen, Nachbesserungen

51. Genehmigungsverfahren

52. Prüfungen mit Witness Points, Expediting-Rechte (d. h. Inspektions- und Überwachungsrechte, meist durch Dritte ausgeführt), Prüfrechte und Fertigungsüberwachung

53. Anordnungsrechte

54. Einlagerung, Zwischenlager, Pufferung

55. Zu berücksichtigende Firmenstandards

56. Probebetrieb, Restpunkte

57. Mängelhaftung und Mängelbeseitigung

58. Zahlungsauslösende Ereignisse

59. Ersatz-, Reserve- und Verschleißteile auf Lager

60. Projektsteuerung

61. Fortschrittsberichte

62. Betriebs- und Wartungshandbücher

63. Liefergrenzenschema

64. Versandvorschriften

65. Schulung, Training und Ausbildung

66. Baustellen-Infrastruktur

67. As-Built-Dokumentation, Abweichungsdokumentation

68. Spezifikationen

69. Kundenvorschriften für Dokumentation, Dokumentationsverwaltung und Zeichnungserstellung

70. Transmittals von Unterlagen

71. Einkaufsprozedere

4 Contract Management

72. Approved Vendors List

73. Qualitätssicherung

74. Inspektionen, Vorablieferungen, Sicherheitsstandards

75. Kompatibilität von Verfahren, Systemen, Schnittstellen und Software

76. Kundendokumentation

77. Technische Pläne wie z. B. Lagepläne, Verfahrenpläne

78. Auslegungsbedingungen

Weitere Prüfpunkte

79. Pönalen und Leistungsparameter: Leistungs- und Verbrauchszusagen, Termine, Dokumente, Verfügbarkeit, Emissionen, Reaktionszeiten, Service-Levels

80. Offene Punkte: Widersprüche, fehlende Punkte, versteckte Forderungen, Schnittstellen unklar, Ungeklärter Liefer- und Leistungsumfang

> *Einhergehend mit der Vertragsanalyse ist es sinnvoll, eine finanzielle Bewertung der Risiken und Chancen vorzunehmen. Dabei ist die generelle Vorgehensweise des Risikomanagements anzuwenden.*

4.7 Fallstricke – was ist zu beachten?

Die *Formulierungen* zu den Vertragsbedingungen werden von beiden Vertragspartnern geprüft, geklärt und für beide Parteien einvernehmlich verhandelt. Die führende Rolle nehmen hierbei der Contract Manager oder die Rechtsabteilung ein. Die Gesamtverantwortung für die Koordinierung bleibt jedoch beim Projektleiter.

Die Vertragsformulierung ist ein iterativer Prozess, bei dem Punkt für Punkt ausgearbeitet wird und mehr und mehr eine vertragliche Annäherung der Parteien entsteht. Dabei können bis zur letzten Sekunde neue Forderungen auftauchen bzw. als Verhandlungsmasse betrachtet werden oder unangemessene Punkte, auf denen der Partner besteht und die durch den Contract Manager zu erkennen sind und geändert oder aus dem Vertrag entfernt werden müssen. Einige typische Beispiele für solche unangemessenen Forderungen sind im Folgenden aufgelistet.

4.7.1 Unbegrenzte Haftung

Grundsätzlich ist die *Haftung*

- der Höhe nach und

- je Schadensereignis

zu begrenzen.

Unbegrenzte Haftung soll nicht akzeptiert werden.

4.7.2 Übernahme von Folgekosten – entgangener Gewinn

Neben dem *Schaden an der Sache* haftet der Auftragnehmer auch für *Folge-schäden* wie z. B. entgangener Produktionsgewinn oder fehlende Einnahmen aufgrund von *Ausfallzeiten*. Im Einzelfall können sich hier Kosten zu astronomischen Beträgen aufsummieren.

Vor diesem Hintergrund sind Folgekosten – *Consequential Damages* – auszuschließen. Ausnahmen bestätigen die Regel, bei entsprechender Risikovorsorge.

4.7.3 Änderungen ohne Preisanpassung – geringfügige Änderungen

Immer wieder tauchen in Verträgen Formulierungen auf, die eine inhalt-liche Erweiterung – Erhöhung des Liefer- und Leistungsumfangs (LuL) – ohne Preisanpassung bzw. Vergütung regeln.

Es gilt das Prinzip:

Geforderte, nicht kalkulierte Änderungen sind zu beauftragen
und entsprechend zu vergüten.

4.7.4 Vollständigkeitsklauseln

Häufig sichern sich die Vertragspartner über *Vollständigkeitsklauseln* ab, um eventuell nicht spezifizierte Lieferungen und Leistungen vertraglich zu verankern. Alles, was zur Erreichung des Leistungszieles erforderlich ist, muss geliefert werden, auch wenn es nicht explizit beschrieben ist. Pro-blematisch ist hierbei die Interpretation, was tatsächlich zum Liefer- und Leistungsumfang gehört und was nicht.

Der Auftraggeber interpretiert die Regelung zu seinem Vorteil und wird versuchen, den Lieferungs- und Leistungsumfang auszudehnen, der Auf-tragnehmer hält dagegen. Es entsteht eine Konfliktsituation, die schwer über sachliche Aspekte zu klären ist. Wo aber ist die Grenze?

Vor diesem Hintergrund sind die Schnittstellen, Übergabepunkte, Mitwirkungspflichten und Aufgabenteilung möglichst präzise zu spezifizieren.

4.7.5 Stand der Technik (nach Wikipedia)

Der Begriff „Stand der Technik" steht im Zusammenhang mit den Begriffen „allgemein anerkannte Regeln der Technik" und „Stand von Wissenschaft und Technik". Jeder dieser Begriffe kann als eine Definition für eine bestimmte technische Fertigungsqualität interpretiert werden. Sie stellen also eine Abstufung bezogen auf die gesicherten Erkenntnisse dar, eine Art Leistungsskala.

- Die niedrigste Stufe ist mit dem Begriff der *„allgemein anerkannten Regeln der Technik"* verbunden. Darunter versteht man alle auf Erkenntnissen und Erfahrungen beruhenden ungeschriebenen Regeln der Technik. Sie werden als richtig anerkannt, beruhen auf wissenschaftlichen Grundlagen und haben sich in der Praxis bewährt.

- Mit *„Stand der Technik"* wird der allgemeine Entwicklungsstand fortschrittlicher Verfahren, Einrichtungen oder Betriebsweisen beschrieben, die der Auftragnehmer auch zu erbringen hat. Es handelt sich – zu diesem Zeitpunkt – um gesicherte Erkenntnisse von Wissenschaft und Technik, die auch wirtschaftlich umsetzbar sind.

Die Schwierigkeit dabei liegt vor allem im IT-Umfeld mit den sich kurzfristig ändernden Systementwicklungen, die zwar technisch und wirtschaftlich realisierbar wären, aber kostentechnisch meist vom Auftragnehmer nicht berücksichtigt sind. Vor diesem Hintergrund sind der Liefer- und Leistungsumfang sowie die zur Anwendung kommenden Normen klar zu beschreiben, wie etwa der Ausgabestand einer Software (z. B. Angabe von Version mit Releasezeitpunkt und Servicepack).

Es ist sinnvoll, den Stand der Technik
zum Zeitpunkt der Vertragsunterzeichnung festzulegen.

Änderungen hierzu sind über das *Change-Request-Verfahren* zu erfassen und ggf. durch den Auftraggeber zu beauftragen.

- Die höchste Stufe der Leistungsskala ist mit dem *„Stand von Wissenschaft und Technik"* verbunden. Damit werden technische Spitzenleistungen umschrieben, die wissenschaftlich gesichert sind.

4.7.6 Vertragsbeendigung oder Rücktritt

Rücktritt bedeutet die vorzeitige Beendigung des Vertrags durch einen Vertragspartner, in der Regel durch den Auftraggeber, da der Auftragnehmer

seiner Verpflichtung selbst bei deutlichen finanziellen Verlusten nach-
kommen muss, die er durch den Auftrag erleidet.

*Nur wesentliche Gründe sollten dem Auftraggeber die
Vertragsbeendigung ermöglichen; sie sind vertraglich festzulegen.*

4.7.7 Kettengewährleistung, jetzt Mängelhaftungszeit

Unter *Kettengewährleistung* wird verstanden, dass die Unterbrechung des
Gesamtsystems, verursacht durch ein Teilsystem, während der Mängelhaftungszeit einen Neubeginn der gesamten *Mängelhaftungsdauer* auslöst.

Dies könnte zur Folge haben, dass eine „unendliche" *Mängelhaftungszeit*
entsteht, und dies ist nicht gewünscht. Aus diesem Grund ist das *Spätest-
ende* der Mängelhaftungszeit festzulegen, das auch für innerhalb der sich
daraus ergebenden Frist erneuerte Teilsysteme gilt.

Sinnvoll ist es z. B., den Starttermin für die Mängelhaftungszeit an durch
den Auftragnehmer beeinflussbare Ereignisse zu koppeln. Beispiel: 24 Monate Mängelhaftungszeit ab dem Zeitpunkt der Abnahme, längstens 36
Monate nach FOB-Termin.

4.7.8 Fehlende Zahlungssicherheiten

Für erbrachte Lieferungen und Leistungen bestehen berechtigte Ansprüche des Auftragnehmers, Zahlungen zu erhalten. Um eine Zahlungssicher-
heit zu erwirken, wird in der Regel ein *Akkreditiv – Letter of Credit* (L/C)
– eingesetzt.

Völkel schreibt hierzu: „Das *bestätigte Akkreditiv (Confirmed L/C)* bietet
dem Auftragnehmer das höchste Maß an Sicherheit, denn die Bank des
Auftragnehmers übernimmt neben der das Akkreditiv eröffnenden Bank
des Auftraggebers die Verpflichtung, in jedem Fall die Zahlung an den Auftragnehmer auszuführen, selbst wenn die Bank des Auftraggebers nicht
willens oder in der Lage ist. Somit sind für den Auftragnehmer alle wirtschaftlichen und politischen Risiken aus dem Kundenland abgefangen."

*Fehlt der Letter of Credit, liegt das Zahlungsausfallrisiko
in der Verantwortung des Auftragnehmers.*

Der L/C ist eine präventive Maßnahme und ist mit Kosten verbunden, je
nach Auftragsvolumen können diese bis zu 2 bis 3% vom Auftragswert
betragen.

4 Contract Management

4.7.9 Back-to-Back

Back-to-Back bedeutet das Durchreichen der vertraglichen
Bedingungen an Partner oder Lieferanten.

Es ist ein schnelles Verfahren, das gewährleistet, dass z. b. die Mängel-
haftungsfristen im Hauptvertrag identisch zu den Anforderungen im
Lieferantenvertrag sind. Ergänzend hierzu sind die eigenen Interessen
und Anforderungen im Vertragswerk mit den Partnern anzupassen und zu
vervollständigen. Bei einem Pauschalverweis liegt die Problematik darin,
dass unklar ist, welche Regelungen aus dem Hauptvertrag unmittelbar und
welche z. B. nicht gelten sollen.

Eventuell fehlen im Hauptvertrag Regelungen, die zur Sicherung der eigenen Interessen im Lieferantenvertrag erforderlich sind, wie z. B. DOW,
SOW, vorgezogene Liefertermine, Dokumente, Pönalen, Haftungsrege-
lungen, Schnittstellen, Projektsteuerung und -überwachung, Zusatzmei-
lensteine usw. Die Aufgabe des Projektleiters und der verantwortlichen
Projektmitarbeiter ist es, diese projektspezifischen Anforderungen in den
Konsortial- oder *Lieferantenvertrag* zu integrieren und aktiv bei der inhaltlichen Vertragsgestaltung und -verhandlung mitzuwirken.

4.7.10 Vorleistungen

Alle erbrachten Leistungen vor Vertragsabschluss gehen im Falle des
Auftragsverlustes zu Lasten des Auftragnehmers. Aus diesem Grund ist es
empfehlenswert, einen *LOI (Letter of Intent, Kaufabsichtserklärung)* oder
ein *MOU (Memorandum of Understanding)* mit dem Auftraggeber abzuschließen und dabei eine Kostenerstattung bzw. Preise für die vorab
erbrachten Leistungen zu vereinbaren. Dabei ist es gängige Praxis, eine
zeitliche *Rücktrittskostenkurve* festzulegen. Je präziser seine inhaltliche
Gestaltung ist, umso wertvoller ist der LOI.

Bei der Formulierung des LOI sind bereits die wesentlichen
Merkmale des zukünftigen Vertrages niederzulegen.

4.7.11 Unsachgemäßer Betrieb und übermäßiger Verschleiß

Immer wieder führen die *unsachgemäße Bedienung* oder der *unsachgemäße*
Betrieb von Anlagen zu Diskussionen zwischen den Vertragspartnern. Es
ist deshalb empfehlenswert, mit Hilfe von *Überwachungssystemen* die Be-
dien- und Betriebsdaten kontinuierlich zu erfassen und zur *Beweissiche-*
rung abzuspeichern. Beispielsweise wirkt sich eine schlechte Brennstoff-
qualität in der Regel auf die Leistungsparameter aus und es könnte sein,
dass eben diese Leistungsparameter durch den Auftraggeber bemängelt
werden. Ein anderes praktisches Beispiel ist übermäßige Beanspruchung,

die Verschleißeffekte nach sich zieht, die dann gerne als Mängelhaftungs-
fall deklariert werden.

Die Installation von Videokamerasystemen hilft, die tatsächlichen
Betriebsabläufe durch das Bedienpersonal zu dokumentieren.

4.7.12 Selbstunterrichtungsklausel

Im Rahmen einer *Selbstunterrichtungsklausel* delegiert der Auftraggeber
die Verantwortung für die lokalen Gegebenheiten an den Auftragnehmer,
der die technischen und örtlichen Zustände selbst untersucht. Die daraus
resultierenden Risiken bei der Projektierung trägt der Auftragnehmer.

4.7.13 Vorgeschriebene Lieferanten

Im Vertrag können durch den Auftraggeber *vorgeschriebene Lieferanten* definiert sein, die „Nominated Subcontractors" oder „Approved Vendors",
die bei der Vergabe zu berücksichtigen sind. Vereinzelt stehen diese Lieferanten zudem in einem „Verhältnis" zum Auftraggeber (die Vertragsstruktur hilft diese Situation zu erkennen). Eine solche Situation führt meist zu
überhöhten Preisvorstellungen dieser Lieferanten.

Als Gegenmaßnahme ist bei entsprechender Vertragsformulierung der
Einsatz von Lieferanten gleicher Güte zulässig, z. B. durch den Zusatz *„or*
equal". Alternativ sind vor Vertragsabschluss eine Auswahl an *genehmigten*
Lieferanten oder eine *„Approved Vendor List"* zu integrieren.

4.7.14 Fertigungszeichnungen und Software-Quellcodes

In den *Fertigungszeichnungen* oder dem *Software-Quellcode* steckt ein Großteil des Know-hows der Unternehmen. Der Auftragnehmer sollte weiterhin Eigentümer der zur Verfügung gestellten Unterlagen/Software bleiben
und dem Auftraggeber lediglich eine Lizenz verkaufen.

Häufig fordert der Auftraggeber daher – um Reaktionszeiten bei Ausfällen
oder bei Insolvenz des Auftragnehmers zu minimieren – die Hinterlegung
der Quellcodes auf einem Treuhandkonto. Dieses Konto wird in der Fach-
sprache als *„Escrow Account"* bezeichnet und ist die treuhänderische Ver-
wahrung der Unterlagen/Quellcodes durch einen unabhängigen Dritten,
der im Notfall die Aushändigung an den Auftraggeber ermöglicht. Die
Bedingungen für den Notfall sind in einem *„Escrow-Vertrag"* geregelt.

4.7.15 Montage- und Inbetriebnahmeüberwachung – Supervision

Im Vertrag kann auch eine Montage- und Inbetriebnahmeüberwachung
vereinbart sein. Dann führt der Auftraggeber die Montage unter fachlicher

Anleitung des Auftragnehmers selbst durch. In diesem Fall besteht die Gefahr, dass dem Auftragnehmer auch die Verantwortung für die ordnungsgemäße Montage zufällt und nicht nur für die Anleitung.

In einem *Montage- und Inbetriebnahmeüberwachungsvertrag* sind der Umfang der Leistungen, die Anzahl der Personen, die Stundensätze, die Einsatzdauer, der Zugang, die Reisekosten und die Unterbringung des Personals zu regeln.

Ergänzend zu diesen Problemfeldern ist es grundsätzlich empfehlenswert, folgende Aspekte zu berücksichtigen:

*   Haftungen begrenzen

*   Spätestfristen setzen

*   Verantwortung für Aufgaben und Fristen vermeiden, die außerhalb des eigenen Einflussbereiches liegen

*   Mitwirkungspflichten des Auftraggebers/Auftragnehmers definieren

*   Einen generischen Terminplan festlegen, der sich am „Vertragsbeginn" orientiert

Ein generischer Terminplan bedeutet, dass die Projektmeilensteine nicht durch ein fixes Datum im Vertrag terminiert sind, sondern sich durch festgelegte Zeitabschnitte ab „Vertragsbeginn" errechnen, z. b.

*   Auslegungsdaten durch Auftraggeber: 2 Wochen nach Vertragsbeginn

*   Fundamente gegossen: 16 Wochen nach Vertragsbeginn

*   Zugang zum Gebäude: 25 Wochen nach Vertragsbeginn

*   usw.

Sicherlich erfordert die Wettbewerbssituation Zugeständnisse an den Auftraggeber, jedoch ist es dann umso notwendiger, sich über eine strukturierte Projektplanung mit Vertrags- und Risikoanalyse ein transparentes Bild vom Projekt zu verschaffen. Das ermöglicht eine fundierte geschäftspolitische Entscheidung über die Projektrealisierung, beginnend mit der Angebotserstellung und der Freigabe des Angebotes bis hin zum Vertragsabschluss und dem Inkrafttreten des Vertrags.

5 Operatives Claim Management

Wie gehen wir zielgerichtet vor um zu unserem Recht zu kommen?

Was kann ich zu meinem Schutz anführen
und wie halte ich das fest?

Wie weit will ich in der Durchsetzung oder in der Abwehr
von Ansprüchen gehen?

Und letztendlich: Was soll, was darf das Ganze kosten?

Rechnet es sich für mein Projekt auch wirklich?

Der erste entscheidende Schritt im operativen Claim Management ist das Erkennen einer potenziellen Claimsituation, sei es gegenüber dem Auftraggeber, den Partnern oder Lieferanten. Der einzelne Projektmitarbeiter und sein Beitrag zum Claim Management sind wesentlich für den Claimerfolg. In diesem Kapitel werden der Projektleiter und sein Projektteam an das Erkennen, Erfassen, Bewerten, Aufbereiten und Durchsetzen beziehungsweise das Abwehren von Claims herangeführt.

Der Erfolg eines funktionierenden Claim Management hängt nicht nur vom Zusammenwirken der drei Grundbausteine

Sachverhalt – Anspruchsgrundlage – Durchsetzung

ab – dem so genannten Claimdreieck, sondern auch vom Informationsfluss: Nur durch zielgerichteten, gegenseitigen Informationsfluss zwischen dem Ort des Geschehens und dem Projektleiter bzw. Management lässt sich gutes Claim Management ausführen.

Das Melden von Abweichungen zum Vertragssoll
hat dabei eine Schlüsselfunktion.

Vom Claim Manager wird in diesem Zusammenhang eine hohe soziale Kompetenz verlangt. Kommunikation ist eine seiner Stärken, denn nicht er allein kann jede Abweichung vom Vertragssoll erkennen und erfassen, ebenso wenig wird jeder Mitarbeiter im Projekt das Vertragssoll komplett kennen. Die Kunst des Claim Managers und/oder des Projektleiters ist es, direkte Informationen von der Basis zu erhalten, die dann zeitnah dem Vertragspartner angezeigt werden.

Für den Projektleiter oder Projektmitarbeiter im operativen Claim Management ist die Kenntnis des *Claimablaufs im Projekt* von besonderer Bedeutung.

In diesem Kapitel ist der typische Ablauf vom Erkennen einer Abweichung über die Anmeldung des Claims bis zur Claimverhandlung dargestellt. Die einzelnen Schritte erfolgen meist in der hier vorgestellten Abfolge, wobei zwischen den einzelnen Punkten immer wieder Iterationen oder Sprünge auftreten können.

Für den Claimerfolg ist das Erkennen der Abweichung vom Soll der Einstiegspunkt in den im Folgenden beschriebenen Claimprozess.

5.1 Erkennen von Abweichungen

Für den Claimerfolg ist zunächst das Erkennen einer claimrelevanten oder claimverdächtigen Situation von entscheidender Tragweite. Der „Projektmitarbeiter vor Ort" meldet die Abweichung vom Soll über den vereinbarten Kommunikationsweg im Projekt an den Claim Manager oder in kleineren Projekten dem Projektleiter, der die weitere Verfolgung übernimmt.

Das Melden einer claimverdächtigen oder claimrelevanten
Situation muss direkt nach Erkennen dieser Situation erfolgen
und es muss vollständig erfolgen,
da ansonsten Claimpotenzial verloren geht.

Die Basis zum Erkennen derartiger Situationen sind die Ergebnisse aus der Vertragsanalyse und der Vertrag selbst. Weitere Ansatzpunkte erhält der Claim Manager oder Projektleiter auch über das *Projektcontrolling*, das regelmäßig einen *Soll-Ist-Vergleich* durchführt.

Mögliche Ansatzpunkte für Abweichungen liegen in den bereits beschriebenen Mitwirkungspflichten der Partner, exemplarisch sind hier noch einmal ein paar genannt:

- Verspätete Bereitstellung von Personal

- Unzureichender (im Extremfall unmöglicher) Zugang zur Anlage

- Geforderte Mehrleistungen

- Personen- und Sachschäden

- Verspätete Zahlungen

- Mangelnde Infrastruktur

- Mangelnde Qualität der Beistellungen und Zulieferungen

- Beschleunigungen

- Abweichen von der vereinbarten Vorgehensweise

- Erschwernisse bei der Ausführung

- Fehlende Genehmigungen und Freigaben

- Unterbrechung der Arbeiten

- Fehlende und nicht vertragskonforme Betriebsmittel

Der gegebene Sachverhalt ist auf dem Claimmeldeformular (Bild 5.1) festzuhalten.

Um den Formalismus und Bearbeitungsaufwand für den einzelnen Mitarbeiter oder Baustellenleiter zu minimieren, ist das ausgefüllte *Claimmeldeformular* unverzüglich an den Claim Manager oder Projektleiter zu senden, der die weitere Verfolgung übernimmt.

5.2 Erstprüfung des Claims

Häufig füllen die Mitarbeiter vor Ort das Claimmeldeformular oder stattdessen auch die *„Direktmeldung auf der Baustelle"* (siehe Anhang 7.4) aus, die dann der Claim Manager erhält. Die Inhalte dieser Formulare werden bei der Erstprüfung zunächst im *Claim Register* oder einer *Claimerfassungsmatrix* (Bild 5.2) registriert und durch den Claimverantwortlichen (PL oder CM) weiterverfolgt. Die mit dem jeweiligen Ereignis verbundenen *Nachweisdokumente* sind mitzuliefern, wie z. B. Zeichnungen, Fotos, Stundenzettel, Protokolle, Notizen.

Folgende Informationen sind für eine exakte Registrierung und weitere Verfolgung der Claims zwingend notwendig:

1. Eindeutige, fortlaufende Claimnummer

2. Claimart (E ... Eigenclaim oder F ... Fremdclaim)

3. Aktueller Status des Claims: offen/angemeldet/verhandelt/geschlossen/ausgebucht

4. Datum der Verfolgung: Datum, wann eine Wiedervorlage erfolgen soll

5. Titel des Claims: griffiger Titel, um den Claimfall bereits am Namen zu identifizieren oder wiederzuerkennen

6. Abweichung gemeldet am: Datum und eventuell Uhrzeit der Erfassung der Abweichung vom Vertrag (des Claimfalls)

7. Abweichung gemeldet von: Name, Firma, Institution des Meldenden der Abweichung vom Vertrag (des Claimfalls)

8. Verursacher der Abweichung: Firma, Institution des Verursachers der Abweichung vom Vertrag (des Claimfalls)

9. Dokumentiert: Brief an ..., Fotos, Zeitungsmeldung, Berichte, Besprechungsprotokolle, Freigaben, Bautagesbericht ...

10. Dadurch ist/sind betroffen: Weitere von der Abweichung Betroffene sind z. B.: Unterauftragnehmer, Lieferant ... (Name, Firma, Institution)

11. Claimwert, Schätzung bzw. Rechnungsbetrag: Absoluter Betrag und bei selbst rechnender Bilanz Vorzeichen eingeben (Minusvorzeichen bei Fremdclaims)

12. Chancen bei Durchsetzung in % (Schätzung)

13. Claimpotenzial, Produkt aus Claimwert und Durchsetzungswahrscheinlichkeit

14. Claimsummen pro Partner durchgesetzt bzw. abgewehrt (durchgesetzte Fremdclaims mit Minusvorzeichen)

15. Bemerkungen: Merker z. B. für weiteres Vorgehen oder Claimbilanz hier einbringen.

5.3 Zweckmäßigkeit des Claims

Als Nächstes prüft der Claim Manager die Anspruchsgrundlage für den Claim: Wo ist diese im Vertrag verankert, welche Ansprüche lassen sich daraus ableiten und welche Durchsetzungswahrscheinlichkeit besteht?

Das Ergebnis dieser Prüfung bezüglich der Erfolgsaussichten wird beispielsweise in Form der *Durchsetzungswahrscheinlichkeit* im *Claim Register* dokumentiert. Das *Claimpotenzial* oder die *bewertete Claimsumme* ist das Produkt aus Durchsetzungswahrscheinlichkeit und Claimwert.

Außerdem prüft der Claim Manager, inwieweit sich eventuell Risiken aus der Claimforderung ergeben können, sowie das Verhältnis zwischen Aufwand und Nutzen. Nicht zuletzt wird überprüft, ob der Claim mit der *Strategie des Projekts* und des Unternehmens vereinbar ist. Für die letztere Prüfung ist das Management zu involvieren um das weitere Vorgehen abzustimmen.

Ereignis (Event)

- Datum und Uhrzeit, Standort
- Kurze Darstellung des Sachverhalts
- SOLL (entspr. Vertrag)
- IST   (tatsächlicher Stand)
- SOLL-IST-Vergleich
- Beweisdokumente

Ursache (Reason)

- Begründung, warum das Ereignis durch andere
  als den Auftragnehmer verursacht wurde.

Anspruchsgrundlage (Entitlement)

- Besprechungsberichte (Vertragsänderungen)
- Nachtragsvereinbarungen
- Vertrag
- Anlagen zum Vertrag
- BGB Werkvertragsrecht

Auswirkung (Effect)

- Terminverschiebungen
- Direkte Kosten
- Zusätzliche Kosten
- Gewährleistung

Bewertung/Zusammenfassung (Conclusion)

- Berechnung in Euro oder Landeswährung
- Gegebenenfalls zeitliche Darstellung
- Name (des Unterschriftsberechtigten), Unterschrift, Ort und Datum

*Aufnahme des Sachverhaltes. Weiterleitung unverzüglich an den PL oder CM:
Ergänzende Dokumente sind als gekennzeichnete Anlagen beizufügen.*

Bild 5.1
Claimmeldeformular

Claim Nr.	Claimart	Status des Claims	Datum der Verfolgung	Titel des Claims	Abweichung gemeldet am	Abweichung gemeldet von	Verursacher der Abweichung	Dokumentiert	Dadurch ist / sind betroffen	Claimwert; Schätzung bzw. Rechnungsbetrag	Chancen bei der Durchsetzung [%]	Claimsumme (bewertet)	Claimsumme (durchgesetzt)	Bemerkung
1	E	verhandelt	03.03.02	Vorliegerleistung prüfen; Gebäudeteil weist nicht den erforderlichen Fertigungsstand auf	26.10.01	Müller H., Konsortial-partner	Bauherr	Behinderungsmeldung 123-45	Mechan-Gewerk	EUR 4.794,00	100%	EUR 4.794,00	EUR 4.794,00	Dauer von 77 Kalendertagen und Mehrkosten anerkannt
2	F	offen	01.04.02	Einfahrt zum Gebäude war blockiert	12.12.01	Konsortial-partner	Subunternehmer A; PL	Brief vom 12.12.01	Lieferant E-Gewerk	-EUR 800,00	50%	-EUR 400,00		Teilw. anerkannt
3	E	verhandelt	03.03.03	Beleuchtungsausfall im Gebäude	11.05.02	Meier O., Montage	Bauherr	Behinderungs-anzeige 171-1	ges. Konsortium	EUR 12.600,00	100%	EUR 12.600,00	EUR 12.600,00	Beleuchtung ist AG Verantwortung
4	E	offen	01.04.03	Deckeninstallations-planung	25.02.02	Meier O., Montage	Architekt	Bedenken angemeldet	Installations-firma Electric	EUR 2.000,00	100%	EUR 0,00		Planung wird korrigiert
5	E	offen	01.04.03	Wanddurchbruch in den Klimaraum zu klein	20.09.02	BL HLK; H. Monteur	Baugewerk	Behinderungs-anzeige 172	Montage HLK	EUR 8.100,00	30%	EUR 2.430,00		Wird zurzeit geändert
										EUR 26.694,00		EUR 19.424,00	EUR 17.394,00	EUR 12.894,00 BILANZ VOM 10.04.02
												Eigenkosten	EUR 4.500,00	

Claimbilanz: Mehrkosten durch Claimereignis + Kosten der Claimbearbeitung - nach Verhandlung zugestandener Betrag

Bild 5.2
Claimerfassungsmatrix

5.3 Zweckmäßigkeit des Claims

5.4 Anmeldung des Claims

Sind die Punkte aus der *Zweckmäßigkeitsprüfung* positiv erfüllt, verfasst der Claim Manager eine formale *Claimanmeldung*. Diese sendet er nach Freigabe durch den Projektleiter auf dem vertraglich vereinbarten Kommunikationsweg zum Vertragspartner. Die projektspezifischen *Schriftverkehrregeln* (Kennzeichnung, Einsatz von *Transmittals*, usw.) sind zwingend zu beachten.

Von entscheidender Bedeutung sind hierbei die vertraglichen Anmeldefristen für Claims. Diese Fristen sind einzuhalten, damit nicht unnötigerweise aufgrund von Formfehlern eventuell Ansprüche gemindert werden oder gar verloren gehen. Alleine die Diskussion über Formfehler kann die eigene Position bereits schwächen.

Diese Claimanmeldung kann beispielsweise in Form einer *Behinderungsanzeige* wie in Anhang 7.5, einer *Bedenkenanzeige* wie in Anhang 7.7 oder einer *„Ankündigung Vergütung für geänderte Leistung"* wie in Anhang 7.9 erfolgen. In allen drei Beispielen wird der Vertragspartner auf die Auswirkungen des Ereignisses in terminlicher, sachlicher und/oder finanzieller Art hingewiesen.

Im englischsprachigen Umfeld nennt sich die Claimanmeldung meist *„Notification of Claim"*.

5.5 Detaillierte Claimausarbeitung

Die Anmeldung des Claims kann unterschiedliche Reaktionen beim Vertragspartner auslösen. Von der Bereitschaft, über die Situation zu sprechen, über Empörung bis zum Stillhalten oder zur Verweigerung der weiteren Zusammenarbeit.

> *Um eine gute Ausgangsbasis für das Claimgespräch zu schaffen braucht man neben der richtigen Strategie eine transparente, übersichtliche und nachvollziehbare Claimdokumentation.*

Für diese Detailbearbeitung des Claimereignisses sind wesentliche Aussagen klar und deutlich herauszuarbeiten und durch eine lückenlose Dokumentation, meist auch als *Beweisführung* bezeichnet, zu untermauern.

Im folgenden Abschnitt ist der inhaltliche Aufbau eines Claims erklärt. Im Anschluss daran wird der Tagesbericht als wichtiges Hilfsmittel der Beweisführung vorgestellt.

5.5.1 Systematischer Aufbau eines Claims

Der Aufbau eines Claims, unter Berücksichtigung des *Sachverhaltes und der Anspruchsgrundlage*, erfolgt nach folgenden Gesichtspunkten:

1. Beschreibung des zugrunde liegenden Sachverhalts, die Abweichung vom Vertrag

2. Beschreibung der vertraglich geschuldeten Leistung (Soll)

3. Beschreibung der tatsächlich erbrachten Leistung (Ist)

4. Beschreibung der Abweichung zwischen Soll und Ist

5. Beschreibung der Ursache, die zur Abweichung führte

6. Beschreibung der Auswirkungen, die durch die Abweichung entstehen

7. Vertragliche Anspruchsgrundlage

8. Bewertung der Ansprüche in terminlicher und finanzieller Hinsicht

9. Nachweise für Ansprüche

10. Grafische Darstellung der Terminsituation und finanziellen Mehraufwendungen

Diese Elemente des Claims sollen im Folgenden erläutert werden.

1. Beschreibung des zugrunde liegenden Sachverhalts, die Abweichung vom Vertrag

Der Sachverhalt dient als Einführung in den Tatbestand, der zum beschriebenen Claim führte. Hierbei handelt es sich um die Ereignisse, die sich anhand der Dokumentation nachweisen lassen. Sie werden in der Regel chronologisch dargelegt und beschrieben. Der Ablauf und die Ursachen, die zum Claim führten, müssen auch für Dritte, weniger im z.B. technischen Detail Informierte, schlüssig nachvollziehbar sein.

Die Darstellung muss frei von Vermutungen und subjektiven Einschätzungen sein. Es dürfen weder unbelegbare noch strittige Schuldzuweisungen oder Auslegungen dargestellt werden. Der Sachverhalt ist eindeutig darzustellen, um nicht vom Claimgegner als falsch oder nicht bewiesen zurückgewiesen zu werden.

Die Beschreibung des Sachverhalts darf nur die reinen und unbestrittenen Fakten enthalten.

2. Beschreibung der vertraglich geschuldeten Leistung (Soll)

Hier werden der vertraglich geschuldete *Liefer- und Leistungsumfang (Scope)* und die vertraglich zugrunde liegenden Voraussetzungen zur Erfüllung wiedergegeben.

Ein außen stehender Dritter ist in die Lage zu versetzen,
ohne intensives Vertragsstudium eine genaue Vorstellung
des vertraglich geschuldeten Soll zu erlangen.

3. *Beschreibung der tatsächlich erbrachten Leistung (Ist)*

Hier ist der tatsächliche Sachverhalt detailliert zu schildern. Die Ist-Darstellung konzentriert sich anhand der beizufügenden Dokumentation auf die nachweisbare, tatsächliche Ausführung. Sie wird häufig zum Diskussionsgegenstand über „Richtig und Falsch", „Wahr oder Unwahr". Deshalb sind hier ausschließlich Fakten gefragt.

4. *Beschreibung der Abweichung zwischen Soll und Ist*

In diesem Teil werden die Fakten, welche im vertraglich geschuldeten Soll und im tatsächlich erbrachten Ist beschrieben sind, sachlich gegenübergestellt und die Abweichung des Soll zum Ist deutlich herausgestellt.

Der Unterschied muss nachvollziehbar
und mit Nachweisen untermauert sein.

5. *Beschreibung der Ursache, die zur Abweichung führte*

Die Argumentation über die Ursachen basiert auf den eingangs geschilderten Sachverhalten. Es ist die gesamte *Ursachenkette* darzustellen.

Die Darstellung muss frei von Vermutungen und subjektiven Einschätzungen sein. Es dürfen weder unbelegbare noch strittige Schuldzuweisungen oder Auslegungen dargestellt werden. Der Sachverhalt ist eindeutig darzustellen, um nicht vom Claimgegner als falsche, einseitige Darstellung oder nicht bewiesen zurückgewiesen zu werden.

6. *Beschreibung der Auswirkungen, die durch die Abweichung entstehen*

Beim *Kausalitätsnachweis* wird schlüssig dargestellt, dass die beschriebenen Umstände mittelbar oder unmittelbar zu Folgewirkungen führen oder bereits geführt haben: z. B. Mehrkosten, erhöhter Personalaufwand, Verlängerung der Ausführungsfristen, usw.

7. *Vertragliche Anspruchsgrundlage*

Die oben beschriebenen Teile untermauern die Claimforderung. Zusätzlich ist im Claim auch die *Anspruchsgrundlage* zu beschreiben, nämlich die Vertragsbestandteile und Regelungen, welche die Basis für den Claim bilden, d. h. aufgrund welcher Paragraphen im Vertrag sich der Claim gründet und wie der vertragliche Ablauf zu der Abwicklung des Claims einzuhalten ist.

Die Anspruchsgrundlage ist im Original wiederzugeben und der Bezug zum Vertragstext herzustellen.

Die Anspruchsgrundlage kann sich z. B. auf „Anordnungen des Bauherrn", Behinderungsanzeigen, gesetzliche Regelungen und Mitwirkungspflichten aus dem Vertragswerk oder auch auf den „Anspruch auf Vergütung" beziehen.

Es empfiehlt sich hier, gegebenenfalls auf einschlägige Kommentare und Urteile hinzuweisen, die deutlich machen, dass nicht eine eigene Auslegung getroffen wurde.

8. *Bewertung der Ansprüche in terminlicher und finanzieller Hinsicht*

Die Auswirkungen der sachlichen, zeitlichen und finanziellen Aspekte werden gesamtheitlich bewertet. Die Auswirkungen auf die Projekttermine sind der *Baseline* gegenüberzustellen (also der *ursprünglichen Projektplanung*, die unter anderem aus dem Kostenplan zur Kostenverfolgung, der Fortschrittskontrolle aus dem Vertrag, dem gültigen Vertragsterminplan und dem gültigen Liefer- und Leistungsverzeichnis besteht). Kosten- und Aufwandsberechnungen sind aufzuzeigen, sowie die Grundlage für die Bewertungen, z. B. Einheitswerttabellen, Basisstundenlöhne, vertragliche Einheitspreise.

9. *Nachweise für Ansprüche*

Zur *Claimbeweisführung* sind im Claim die Nachweise aufzulisten und als Anlagen beizulegen. Dazu gehören unter anderem: Zusammenstellung der claimrelevanten Korrespondenz, Protokolle, Aufmaßblätter, Planausschnitte, Fotos, Montageunterlagen, ggf. auch Zeitungsberichte, Briefe, Vertragspassagen, Berichte oder Generalunternehmergutachten zum Sachverhalt, Tabellen zur Berechnung der entstandenen Kosten, freigegebene Stundenzettel, Freigaben, Genehmigungen, Baugerätelisten, Rechnungen, Grundlagen für die Bewertungen, usw.

Dieses Material muss „belastbar" sein, also tauglich als Beleg zur Untermauerung von Ansprüchen.

10. *Grafische Darstellung der Terminsituation und finanziellen Mehraufwendungen*

Für die Personen, die nicht im Detail mit den Sachverhalten vertraut sind, bildet eine chronologisch dargestellte Grafik eine gute Möglichkeit zur Übersicht über Soll und Ist. Bestimmte Ereignisse können

KW 44	KW 45	KW 46	KW 47	KW 48	KW 49	KW 46	KW 50	KW 51	KW 52	KW 01	KW02
1,00		0,625		0,375				0,375			0,375
AT		AT		AT				AT			AT

Bild 5.3
Zeitverzug im Claim: Verrechenbar sind nur 2,75 Tage

dabei als Meilensteine deutlich gemacht und Abweichungen von der Baseline dargestellt werden.

In einer solchen Grafik (Bild 5.3) ist der tatsächliche, im Claim berechnete und angeführte Zeitverzug erkennbar dargestellt: So bedeutet beispielsweise ein Verzug von > 60 Tagen nicht gleichzeitig eine voll verrechenbare Wartezeit für das Montageteam von > 60 Tagen. Es werden im Zeitablaufplan nur die Abrüstzeiten, die Inspektionszeiten zur regelmäßigen Feststellung des Ist-Zustandes, die Umplanung der Leistungserbringung, erneute Rüstzeiten und die tatsächliche Montagezeit angezeigt, die im Claim tatsächlich finanziell berechnet wurden.

5.5.2 Bewertung des Claims in finanzieller Hinsicht

Bei der Bewertung des Claimereignisses setzen sich die Kosten für einen Claim aus zwei Komponenten zusammen:

A   *Kosten für das Claimereignis selbst* und

B   *Kosten für die daraus resultierenden Auswirkungen.*

Selbst kleinste Ereignisse oder Abweichungen vom Plan können von einer immensen finanziellen Tragweite sein, die der Claim Manager dann bei der Anmeldung des Claims oder bei der detaillierten Claimausarbeitung zu berücksichtigen hat.

Das Schwierige ist, dass – selbst wenn die Auswirkungen geprüft wurden – sich Ereignisse im Projektverlauf „auswachsen" können und kostspielige Auswirkungen auf das Umfeld entstehen, die vorher nicht erkennbar waren.

Um sich vor diesen eventuell „nicht endenden Forderungen"
des Partners zu schützen, wird oft bei der Beauftragung
von Nachträgen/Claims durch den Auftraggeber
im Nachsatz angemerkt, dass mit der Beauftragung
weitergehende Forderungen abgegolten sind.

Andererseits möchte der Auftragnehmer natürlich seine tatsächlichen Aufwendungen erstattet bekommen. Gängige Methode ist es daher, zunächst Widerspruch zu dieser Forderung des Auftraggebers einzulegen, um den eigenen Anspruch zu wahren. Inwieweit später dann tatsächlich eine Anerkennung und Durchsetzung des Nachtrages möglich ist, bleibt offen.

Die nachfolgend aufgeführten Gründe dienen als Checkpunkte, um neben dem eigentlichen Claimereignis auch die finanziellen Auswirkungen eines Claimereignisses zu bewerten.

Wie immer ist die Voraussetzung für eine erfolgreiche Durchsetzung der transparente Nachweis der entstandenen Aufwendungen. Kühnel und Michel führen unter anderen die folgenden Claimgründe für Zusatzaufwendungen an:

1. *Claimbearbeitung*

   Die Aufwendungen für die Bearbeitung des Claims können „theoretisch" geltend gemacht werden. Inwieweit diese tatsächlich akzeptiert werden ist eher fragwürdig, da diese Ausgaben zu den gewöhnlichen Geschäftskosten zählen. Berufsverbände wie die „Society of Construction Law" lehnen die Kosten für die Claimbearbeitung ab.

2. *Entgangener Gewinn bezogen auf den Claim*

   Beim Claim werden lediglich die entstandenen Kosten erstattet, jedoch nicht der anteilige Gewinn, da dieser bereits im Vertragspreis berücksichtigt ist.

   Hinweis: Bei einer Variation Order ist ein Overhead und Gewinnzuschlag möglich. Es empfiehlt sich, bereits im Vertrag Zuschlagsindizes hierfür zu definieren.

3. *Finanzierungskosten*

   Darunter fallen z. B. Verzugszinsen für später eingehende Zahlungen oder Kosten für die Kreditaufnahme zur Zwischenfinanzierung. Wie bei allen Forderungen sind Nachweise erforderlich, dass hierfür tatsächlich Kosten angefallen sind.

4. *Zahlungssicherheiten, Bürgschaften*

   Jede Terminverlängerung verursacht auch Kosten zur Verlängerung der Laufzeit für *Letter of Credit* oder *Bürgschaften*. Diese Kosten sind zu berücksichtigen.

5. *Betriebsmittel*

   Darunter fallen alle Aufwendungen, die für den Betrieb der Systeme erforderlich sind. Das sind z. B. Brennstoffe oder Medien wie Druckluft, Gas, Strom und Wasser, Chemikalien oder Filter. Es ist bereits im Vertrag zu regeln, wer diese Kosten bis wann trägt. Für den Fall von

Terminverschiebungen (Extension of Time) können die zusätzlich entstandenen Kosten eingefordert werden.

6. *Verlängerte Vorhaltezeiten für Werkzeuge, Geräte und Ausrüstung sowie Stilllegung*

Die Kosten hierfür können ebenfalls geltend gemacht werden. Der Nachweis erfolgt beispielsweise über Einträge im täglichen Baustellenbericht *(Site Activity Report)* und/oder *Baustellentagebuch*, die vom Auftraggeber gegenzuzeichnen sind.

7. *Baustellenkosten und Infrastruktur*

Das sind beispielsweise Kosten für die Unterbringung der Mitarbeiter, für Bürocontainer, Sicherheitsdienste, Telefon, Netzwerke, Stromversorgung, Zufahrtsstraßen oder Lagerflächen.

8. *Materialkosten*

Bei den Materialkosten sind zusätzliche Aufwendungen z. B. für höherwertiges oder mehr Material einzubringen.

*Minderverbrauch kann auch zu einer Reduzierung
der Materialkosten führen.*

9. *Einlagerung von Systemen einschl. Konservierung und Umschlagskosten*

Bei längerfristigen Unterbrechungen kann es erforderlich sein, dass das Equipment eingelagert werden muss. Diese Einlagerung verursacht zusätzliche Umschlagskosten in Form von Transport, Hebezeugen, Lagerflächen sowie Kosten für die eigentliche Einlagerung. Um Schäden zu vermeiden, kann es auch erforderlich sein, Equipment luftdicht oder klimatisiert einzulagern bzw. zu konservieren. Für den Neustart entstehen zusätzliche Rüstkosten.

10. *Witterungsverhältnisse*

Aufgrund von Wettersituationen können Verzögerungen in der Projektrealisierung entstehen, die Mehrkosten verursachen. Man denke zum Beispiel nur an Einflüsse durch die Regenzeit, die im Vergleich zu „normalen" Witterungsbedingungen nur einen wesentlich geringeren Arbeitsfortschritt ermöglicht.

11. *Eingeschränkte Zugangsmöglichkeiten*

Durch eingeschränkte Zugangsmöglichkeiten wird die Produktivität gemindert, es entstehen zusätzliche Rüstzeiten. Beispiele sind blockierte Zufahrten, Verfügbarkeit von Personal, Räumungsarbeiten, Schichtarbeit und Belegung von Produktionsanlagen.

12. Kürzere Montage- und Inbetriebsetzungszeit

Mit einem geforderten früheren *Fertigstellungstermin (Earlier Date of Completion)* geht eine Erhöhung der Personalkapazität einher, die sich auch auf die Bereitstellung von zusätzlichen Werkzeugen und Geräten, Überstunden und Schichtarbeit oder anderen Beschleunigungsmaßnahmen auswirkt.

Die Kosten für einen „Claim for Acceleration"
sind transparent darzustellen.

13. Unterbrechungen und Wartezeiten

Unterbrechungen sind Ereignisse, die einen produktiven Arbeitsablauf verhindern. Hinzu kommen Arbeiten mit geänderter Reihenfolge. Eine genaue Identifizierung und Quantifizierung hinsichtlich Zeit, Stelle und Aktivität ist notwendig.

14. Reinigungsarbeiten

In welchem Zustand wurde ein Raum, Gebäude an den Auftragnehmer übergeben? Welcher Zustand wurde vertraglich vereinbart?

Zusatzkosten für eine z.B. nicht „besenreine" Übergabe können geltend gemacht werden. Der vorgefundene Zustand ist zu dokumentieren und mit dem vertraglichen Soll zu vergleichen.

15. Bauzeitverlängerung

Für den Fall der Bauzeitverlängerung entstehen Mehrkosten, die geltend gemacht werden können. Dies können Miete für notwendige Zusatzgeräte, z.B. Heizungen für Arbeiten im Herbst oder Gebäudeabdeckungen sein.

Bei einem späteren Fertigstellungstermin müssen die ursprünglich abgeschlossenen Versicherungslaufzeiten verlängert werden. Die hierfür entstandenen Kosten sind anzumelden.

Verfahren zur Berechnung von Ineffizienzkosten aufgrund von Verzögerungen (15.), Beschleunigung (12.) oder Unterbrechung der geplanten Arbeiten (13.) sind umfassend bei Michel beschrieben.

16. Personal- und Reisekosten

Die Personalkosten, die durch die z.B. verlängerte Vorhaltung von Engineering, Site Management und Projektmanagement entstehen, sind ebenfalls zu verrechnen. Darüber hinaus sind entstandene Reisekosten einzufordern.

5.5.3 Der Tagesbericht

Es ist gängige Praxis, dass von den Projektmitarbeitern des Auftragnehmers Tages- und Wochenberichte verfasst werden, in denen neben dem Arbeitsfortschritt Soll-Ist-Abweichungen oder Behinderungen einzutragen sind, und die dem Claim Manager zur Verfügung gestellt werden.

Damit sind der Tages- und Wochenbericht oder das Bautagebuch ein wichtiges Instrument zur Dokumentation der Vorgänge der meist von der Unternehmenszentrale weit entfernten Baustelle. Gerade dort, während der Montage-, Installations- und Inbetriebsetzungsphase treten häufig Änderungen auf, die dem Auftraggeber anzuzeigen sind.

Für den Tagesbericht reicht bereits ein einseitiges Formblatt aus, welches die wichtigsten Angaben enthält. Tagesberichte werden zur besseren Übersicht zu Wochenberichten zusammengefasst, die Sammlung der Tagesberichte ergibt das Bautagebuch. Inhalte können etwa sein:

1. Datum und Angaben zum Projekt

2. Anzahl der Mitarbeiter vor Ort

3. Arbeitsgerät

4. Witterung

5. Arbeitsfortgang

6. Abweichungen zum Vertrag

7. Anordnungen des Auftraggebers

8. Sonstiges

Das Bautagebuch oder, wie in Anhang 7.8 gezeigt, der Tagesbericht, wird dem Auftraggeber täglich zugestellt bzw. wird, wenn nicht anders möglich, wöchentlich gesammelt und zeitnah, d. h. ohne jegliches Zögern, beim Auftraggeber eingereicht. Dieser bestätigt den Erhalt der Berichte und behält die vom Baustellenleiter unterschriebenen Exemplare. Mit dem Eingangsstempel oder sonstigen Eingangsbestätigungen ist zunächst aber nur der Eingang, nicht jedoch der Inhalt des Berichtes des Auftragnehmers anerkannt. Dennoch wird damit ein Sachverhalt dokumentiert und dem Auftraggeber zur Kenntnis gebracht, welcher in späteren Verhandlungen um Zusätze zum Ursprungsvertrag, Mehrungen oder Minderungen, Zusammenhänge und Aufwendungen sehr wichtig sein kann.

Da ein gut geführtes Berichtswesen bzw. Bautagebuch
von enormer Bedeutung für das Claim Management ist,
muss es von verantwortungsbewussten Personen geführt werden,
die sich dieses Stellenwerts bewusst sind.

Für Claims sind besonders wichtig:

- Die Anzeige von Behinderungen als Vertragsabweichungen und damit ausgelöste Bauverzögerung,

- die Dokumentation der Ursache (z. B. Fotos von Schäden durch Wassereinbruch und Schadensbeseitigungsfotodokumentation) sowie

- das Festhalten von Anordnungen des Bauherrn (Anordnung dem Grunde nach und tatsächliche Aufwendungshöhe in Zeit, Personal, Material usw.).

Darüber hinaus ist es wichtig, Claims und Change Orders als Tagesordnungspunkt in die Projekt- und Statussitzungen mit dem Auftraggeber aufzunehmen, um die Beteiligten auch anhand dieser Berichte über den jeweiligen Stand zu informieren. Dabei werden angesprochene Abweichungen vom Vertrag in den Besprechungsprotokollen festgehalten und gleichzeitig der aktuelle Status von Claims und Change Orders dokumentiert. Die von den Teilnehmern anerkannten Inhalte sind somit bei späteren Verhandlungen wertvolle Dokumente für den Claim Manager, den Projektleiter und auch für den Geschäftsverantwortlichen.

Nur wenn das gesamte Projektteam und das Management
im Projekt von der Wichtigkeit jeder einzelnen
Abweichungsmeldung überzeugt sind, wird die zum effektiven
Claim Management notwendige Kommunikation
und damit der Informationsfluss funktionieren.

Dieser Teamgeist kann sich positiv auf die Zusammenarbeit auswirken.

Lob für aktiv im Claim Management mitwirkende Mitarbeiter ist der kleinste Beitrag, der durch den Projektleiter erfolgt. Nur wenn jeder Mitarbeiter sich seiner Verantwortung und der Wichtigkeit seiner proaktiven Einstellung zum Claim Management bewusst ist, wenn er erkennt, dass auch oder gerade er durch sein Handeln den Projekterfolg steigern kann, gelangen die für den Claim Manager so wichtigen Informationen an ihn und können weiterverarbeitet werden.

Überlegenswert könnte auch sein, neben der individuellen
Belobigung (oder weiteren Anreizen) die jeweilige Arbeitsgruppe
bei Mitarbeit insgesamt zu belohnen, was wiederum positive
Auswirkungen auf Teamgeist und -zusammenarbeit hat.

5.5.4 Claims übergeben

Nach der Detaillierung des Claims wird das Claimschreiben einschließlich aller dazugehörigen Anlagen als Einschreibesendung mit der Post oder per

Expressversand verschickt. Sicherer ist die persönliche Übergabe an den Vertragspartner mit Empfangsbestätigung, allerdings ohne dass damit aber die Anerkennung des Inhaltes bestätigt wird.

Mit der Übergabe der aufbereiteten und präsentierfähigen Dokumente erhält der Vertragspartner die Möglichkeit, sich ein vollständiges Bild von den Forderungen zu verschaffen.

Meist wird in diesem Schritt auch ein Verhandlungstermin avisiert und vorgeschlagen. Die Fakten für die anstehende Verhandlung sollten beiden Parteien bekannt sein.

In der *Schriftverkehrsverwaltung* mit dem Vertragspartner ist bei Zustellung des Claims der Status als „erhalten" zu bestätigen.

Nicht nur das Anmelden von Behinderungen ist von Bedeutung,
sondern auch das Abmelden. Dieser Fall tritt ein,
sobald die Situation nicht mehr zutrifft
bzw. die notwendigen Arbeiten abgeschlossen sind.

5.6 Claims verhandeln

Ein wichtiger Baustein im Claim-Management-Prozess sind die Claim-verhandlungen. Bezogen auf das Claim-Dreieck ist hier der Endpunkt erreicht, die

Durchsetzung oder Abwehr von Forderungen.

Allzu oft steigen die Verhandlungspartner mit astronomischen und unrealistischen Maximalforderungen ein, die es zu erreichen gilt. In dieser Ausgangssituation fehlt der kleinste gemeinsame Nenner, der eine Einigung ermöglichen könnte. Jeder Partner ist von seiner einzig richtigen Lösung überzeugt.

Auf diese Weise positioniert brechen die Gesprächspartner dann enttäuscht die Verhandlungen ab. Beide Seiten wollten „gewinnen". Grund für die unrealistischen Maximalforderungen sind meist die unzureichende Vorarbeit hinsichtlich Sachverhalt und Anspruchsgrundlage, die die Chance einer erfolgreichen Durchsetzung schmälern und den Blick fürs Machbare trüben, aber auch der Einsatz von Verhandlungstechniken, die wir nachfolgend vorstellen.

Der Vertragspartner startet aus einer starken Position heraus, wenn er folgende Voraussetzungen beachtet (hat):

- Erfüllen der vertraglichen Spielregeln,

- rechtzeitige Einreichung der Bedenken- und Behinderungsanzeigen,

- Präsentation von exakten und nachvollziehbaren Aufzeichnungen,

- logische und überzeugende Argumentation und

- Beistellen der Beweise für seine Claimforderungen.

Fehlen diese grundlegenden Elemente, ist es leicht, den Claim unter irgendwelchen Vorwänden abzuweisen, und sei es aus rein formalen Gründen. Um das zu vermeiden, ist die Claimbearbeitung *gerichtsfest* auszuführen, also so, dass sie auch vor Gericht Bestand hat. Darüber hinaus ist vor den Verhandlungen zu klären, inwieweit die Beteiligten berechtigt und autorisiert sind, verbindliche Entscheidungen zu treffen oder ob sie nur fähig bzw. befugt sind, Positionen auszutauschen, und ein dementsprechender Ablauf der Verhandlungen zu erwarten ist.

Das Verhandlungsteam muss mit den Vorgängen des Projekts soweit
vertraut sein, um diese in der Diskussion
auch juristisch bewerten zu können. Es sollte bis zur abschließenden
Einigung zusammenarbeiten.

Wie ist der Ablauf einer Claimverhandlung?

In den *Claimverhandlungen* werden die vorher ausgetauschten Positionen und *Claimunterlagen* der Partner Punkt für Punkt gesichtet, geprüft, diskutiert, geklärt und entschieden.

Neben der Rolle des *Verhandlungsführers*, vertreten durch den Projektleiter oder Claim Manager, ist es sinnvoll, einen *Protokollführer* zu nominieren, der die Einigungspunkte oder die noch zu klärenden Punkte in ein Ergebnisprotokoll einträgt.

Für die kommerziellen/juristischen Aspekte ist die Mitarbeit des kaufmännischen Projektleiters erforderlich. Die Rolle des Entscheiders wird meist durch den Geschäftsverantwortlichen wahrgenommen, bei FIDIC-Verträgen kann es auch der „Engineer" sein. Unter Umständen ist auch ein Experte für die technische Expertise hinzuzuziehen.

Am Ende der Verhandlungen sind idealerweise die Punkte für die Partner einvernehmlich und verbindlich geklärt. Beide Partner wissen dann:

- *Wer bezahlt*

- *wie viel*

- *wann*

- und *welche Punkte* sind noch *bis wann* zu erledigen?

Um dieses Ziel zu erreichen, sind neben einer guten Verhandlungsvorbereitung noch einige weitere Aspekte zu berücksichtigen. Bisher wurde ausschließlich von den Einflussfaktoren gesprochen, die meist noch selbst durch ein proaktives Herangehen beeinflusst werden können: Welche formalen Schritte sind zu durchlaufen, wie ist das Claim-Prozedere, welche Aspekte des Vertrages sind einzuhalten usw.? All diese Punkte sind Voraussetzungen um überhaupt in eine Verhandlungssituation zu kommen, also eine Chance.

Auf der anderen Seite existieren auch Einflussfaktoren aus dem Projektumfeld, die wenig beeinflusst werden können, sie sind schlichtweg Randbedingungen, haben aber unter Umständen erheblichen Einfluss auf den Verhandlungsablauf.

Einige Beispiele dafür sind hier exemplarisch aufgelistet:

- *Kulturelle Einflüsse („Bei uns wird nicht geclaimt")*

  Es gibt Regionen, in denen das Claimen schlichtweg verpönt ist. Dort muss man sich eine andere Möglichkeit des Aufwiegens suchen.

  Andererseits gibt es Länder, in denen ausschließlich der Vertrag zählt und nicht die Beziehung zueinander eine Rolle spielt.

- *Projektphase*

  Je mehr sich der Abnahmezeitpunkt nähert, desto leichter wird es für den Auftragnehmer, seinen Standpunkt durchzusetzen. Warum? Der Auftraggeber möchte sein System betreiben, der Beginn des *„Return on Investment"* rückt näher und insbesondere die terminliche Brisanz von Problemen ist für den Auftraggeber auf Anhieb erkennbar. Ist der Abnahmezeitpunkt einmal überschritten, ist die Durchsetzung von Forderungen deutlich schwerer, das Druckpotenzial fällt ab.

- *Vertrauen und Verhältnis, glaubwürdige Darstellung*

- *Erfahrungen aus früheren Projekten*

- *Unternehmensstrategie*

- *Die eigene Rolle – Kunde, Partner, Lieferant*

  Der Auftraggeber als Kunde befindet sich per Definition in der stärkeren Rolle. Und der Auftragnehmer ist bei seinen Lieferanten der Auftraggeber. Diese Rolle lässt sich nutzen.

- *Eigene Qualität der Vertragserfüllung*

  Ist die eigene Qualitätserfüllung angreifbar und damit einhergehend die Zufriedenheit des Kunden geringer, ist auch das Durchsetzen von

Claims schwierig. Der Auftraggeber wird die Schwachstellen immer wieder hervorheben und auf diesen Punkten „herumreiten".

Was zeichnet eine erfolgreiche Claimverhandlung aus?

Für erfolgreiche Claimverhandlungen ist es entscheidend, dass die Beziehungsebene zwischen den Partnern nicht gestört wird und ein Gesichtsverlust vermieden wird. In der Sache ist jedoch hart zu verhandeln. Vor diesem Hintergrund hat sich das Harvard-Verhandlungsmodell in den letzten 20 Jahren als bewährtes Verhandlungskonzept etabliert, weil es auf eine Win-Win-Situation abzielt und versucht, sich widersprechende Interessen unter einen Hut zu bringen.

Der belgische Politiker Paul Spaak beschreibt das mit folgenden Worten:

„Der Kompromiss ist die Kunst, eine Torte so aufzuteilen, dass jeder glaubt, das größte Stück zu haben."

Das Harvard-Verhandlungsmodell beruht auf vier Grundüberlegungen (Fisher):

- *Menschen und Probleme berücksichtigen, aber getrennt voneinander behandeln*

  Hart in der Sache, weich zu den Menschen. Beide Aspekte bitte trennen, da sich ansonsten aus emotionalen Gründen ungerechtfertigte Kompromisse entwickeln. Sachlich verhandeln mit Wertschätzung und Respekt für den anderen.

- *Konzentration auf Interessen der Partner, nicht auf Positionen*

  Hinterfragen Sie die Interessen Ihres Partners, verdeutlichen Sie auch Ihre Interessen, ohne sich zu positionieren. Welche Gemeinsamkeiten und Übereinstimmungen gibt es?

- *Vor der Entscheidung verschiedene Wahlmöglichkeiten zum gegenseitigen Nutzen entwickeln*

  Entwickeln Sie gemeinsam Alternativen, geben Sie sich nicht mit der erstbesten Lösung zufrieden. Welche anderen Varianten existieren zum Vorteil aller Beteiligten? Wo haben Sie und Ihr Verhandlungspartner Spielraum? Entwickeln Sie Vorschläge, die eine Entscheidung erleichtern.

- *Für das Ergebnis objektive Entscheidungskriterien hinzuziehen*

  Zur Entscheidungsfindung ist es wichtig, objektive Kriterien heranzuziehen, die beide Partner akzeptieren. Öffnen Sie sich auch den logischen und nachvollziehbaren Argumenten Ihres Partners.

Wie sieht die konkrete Vorgehensweise für erfolgreiche Claimverhandlungen aus?

1. Stecken Sie sich ein realistisches und klar formuliertes Ziel.

2. Legen Sie sich die beste Alternative zurecht.

3. Machen Sie sich klar, welche starken Argumente auf Ihrer Seite vorliegen.

4. Welche Alternative haben Sie für den Fall, dass keine Einigung möglich ist? Vergleichen Sie diese Möglichkeiten und entscheiden Sie anschließend das weitere Vorgehen.

5. Machen Sie sich bewusst, welche die beste Alternative für Ihren Verhandlungspartner ist.

6. Eine gute Vorbereitung auf die Verhandlung ist die halbe Miete, dennoch ist nicht jeder Verhandlungspartner gewillt, nach der Win-Win-Strategie zu verhandeln, und taktiert.

Welche Abwehrtechniken und Verhaltensmuster können Ihnen begegnen?

- *Fehlende Entscheidungsbefugnis*

  Ihr Gesprächpartner zieht sich auf die Position zurück, dass er nur bis zu einem „Maximalbetrag von X € entscheidungsbefugt" ist.

  „Ein Terminverzug von mehr als 2 Monaten muss durch den Vorstand genehmigt werden, mein Spielraum ist maximal 2 Monate."

  Solche oder ähnliche Aussagen können in der Verhandlung meist nicht auf Ihre Richtigkeit überprüft werden.

- *Frist/eingeschränkte Verfügbarkeit*

  „Wir haben heute nur bis 19.00 Uhr Zeit, danach müssen wir einen wichtigen Kundentermin wahrnehmen. Die Verhandlungen sind vorher abzuschließen."

- *Good Guy/Bad Guy*

  Ein Gesprächspartner „untergräbt" die Verhandlungen und verhält sich „destruktiv", während der andere Partner scheinbar unterstützend und konstruktiv ist.

- *Verzögerung*

  „Lassen Sie uns diesen Punkt zu einem späteren Zeitpunkt besprechen." Tatsächlich kommt es dann aus Zeitgründen nicht mehr dazu.

- *Angriff/persönlicher Angriff*

"Wenn Sie die Abläufe in Ihrem Unternehmen nicht beherrschen, sollten Sie sich eine andere Aufgabe suchen."

- *Rückzug*

Der Partner ignoriert die Situation, er schweigt und bezieht keine Stellung. Die Situation wird ausgesessen.

- *Zumutbarkeit*

„Wir sind doch schon langjährige Partner. Es gab doch noch nie Probleme. Akzeptieren Sie doch einfach unser Angebot."

- *Vollendete Tatsachen/Organisation*

„Von diesen Standardbedingungen können wir nicht abweichen."

- *Zukünftige Geschäfte oder „Der Kunde ist König"*

„Es steht noch die Vergabe des Nachfolgeprojektes an. Sie sind doch daran interessiert?"

- *Fehlender Input*

„Für die endgültige Entscheidung sind noch die Hinweise aus der zuständigen Fachabteilung erforderlich."

- *Formaler Ablauf/Gesicht wahren*

Die Gespräche starten, jedoch nur um das vertragliche Prozedere einzuhalten. Die wahre Intention ist, keine Einigung zu erreichen oder nur eine Einigung auf einem unakzeptablen Niveau. Man versucht, durch „Weichkochen" Grenzen auszuloten und Zeit zu verschwenden.

- *Einzel- versus Gesamtlösung*

Der Claimsteller möchte in einzelnen Punkten eine Einigung erzielen, der Claimempfänger strebt eine ganzheitliche Lösung an, um sein Risiko zu mindern.

- *Gebetsmühle*

Das Verhandlungsteam wechselt häufig die Zusammensetzung der Teilnehmer, zum Verständnis des Gesamtzusammenhanges werden die Inhalte immer wieder erneut vorgestellt und durchgesprochen. Ein zeitraubender und wenig zielführender Prozess.

Neben diesen Verhaltensmustern existieren unterschiedliche *Argumentationsebenen* bei den Verhandlungen. Welche sind das?

- *Sachverhalt und Auswirkungen*

  Diese Argumente werden meist durch den Projektleiter vermittelt. Dabei geht es um Plausibilität und handfeste Beweise. Der Claim muss belastbar sein und damit auch einer Anfechtung standhalten können.

- *Juristische Argumente*

  Diese werden meist durch den Contract Manager oder den Rechtsvertreter vorgebracht. Der Blick ist auf die Anspruchsgrundlage gerichtet.

- *Kaufmännische Argumente*

  Der kaufmännische Projektleiter spricht unter Umständen von „Sowieso"-Kosten. Dabei geht es um Kosten, welche auf jeden Fall – mit oder ohne Claimfall – vorhanden sind, z. B. die Kosten für das „Vorhandensein eines PL in der betrieblichen Struktur sowie dessen Arbeitsplatz".

- *Management*

  Die übergeordneten Argumente werden vorgebracht, wie z. B. gerechter Ausgleich zum letzten Projekt, langjährige Zusammenarbeit, das neue Projekt wird gerade verhandelt, Ausgleich durch einen „Business Deal".

Wie können Sie damit umgehen?

Zunächst ist es wichtig, die Strategie des Partners zu erkennen, um sein eigenes Vorgehen darauf abzustimmen. Folgende Punkte sind empfehlenswert:

- Ruhe bewahren, sich nicht unter Druck setzen lassen

- Ausreichend Zeit für die Verhandlung ansetzen

- Agenda und Ziel der Verhandlung frühzeitig kommunizieren

- Autorisierung und Entscheidungsbefugnisse vorab festlegen

- Entscheidungsvorlage einreichen

- Management frühzeitig informieren und integrieren

- Verbindlichkeit der Einigung festlegen

- Hintergründe für besseres Verständnis erfragen

- Alternativen entwickeln

- Regelmäßige Erinnerungen an mögliche oder bereits eingetretene Vertragsabweichungen

- Gesprächstermine vereinbaren und auf die Auswirkungen hinweisen

- Bei Bedarf Verhandlung unterbrechen

- Einigungs- und Streitpunkte im Ergebnisprotokoll aufführen

- Gemeinsam akzeptierte Vorgehensweise festlegen

- Keine Leistung ohne Gegenleistung akzeptieren.

Zu viele Zugeständnisse in einzelnen Details ermöglichen am Ende keine Gesamteinigung. Außerdem wird bei allzu häufigen *Balloon Claims* die eigene Glaubwürdigkeit riskiert. Solche Balloon Claims sind bewusst überzogende Forderungen, die wenig Bestand haben. Wenn der Partner diese identifiziert, ist die eigene Glaubwürdigkeit infrage gestellt.

Und so gilt:

- Keine unbedachten Äußerungen und kein voreiliges frühzeitiges Akzeptieren von Alternativvorschlägen des Partners.

- Betrachten Sie Claims als „Tauschware".

- Den Schwachstellen des *Fremdclaims* mit Gegenforderungen begegnen.

- Bei Übererfüllung des Vertrags auf den Nutzen und die Vorteile für den Kunden hinweisen.

Für die endgültige Entscheidung muss jeder Verhandlungspartner das Ergebnis der Claimverhandlung innerhalb seines Unternehmens verkaufen können, ohne dabei selbst Schaden zu nehmen. Eine schwierige Aufgabe, denn wer gesteht sich gerne Schwachstellen und Fehler ein. Aus diesem Grund ist eine Einigung bei größeren Euro-Beträgen meist nur auf Management-Ebene möglich.

Das Ergebnis einer Claimverhandlung ist in der Regel eine pauschalisierte Lösung, die eine Verrechnung mit anderen Aufträgen, eine vorzeitige Abnahme oder Ausgleichszahlungen mit Auflagen beinhaltet.

Die erzielten Verhandlungsergebnisse sind unbedingt vor Ort zu protokollieren und von autorisierten Vertretern unterzeichnen zu lassen. Denken Sie dabei an das Sprichwort „das Eisen schmieden, solange es heiß ist". Zu einem späteren Zeitpunkt werden eventuell wieder Einwände oder Bedenken geäußert, die eine weitere Verhandlungsschleife bewirken.

Bei der Erstellung des Protokolls ist auch der „endgültige" Charakter des Ergebnisses herauszustellen. Mit Abschluss dieser Verhandlungen sind die bis dato gestellten Forderungen geklärt, es werden keine weiteren

Claims oder so genannte *„Gegenclaims"* berücksichtigt. Das Zahlungsziel, Aktionspunkte und die Verzugszinsen für Verspätungen sind ebenfalls festzuhalten.

Ist trotz aller Bemühungen erkennbar, dass kein Einigungswille besteht, ist zu prüfen, ob nicht als „Manöver des letzten Augenblicks", neben den so genannten ADR-Verfahren, rechtliche Schritte eingeleitet werden. Claim Management bedeutet schließlich, berechtigte Ansprüche durchzusetzen und unberechtigte abzuwehren.

Welche Möglichkeiten bieten die ADR-Verfahren?

Unter *ADR-Verfahren – Alternative Dispute Resolution –* versteht man die Möglichkeit einer außergerichtlichen Einigung zur Konfliktbeilegung (siehe Glossar). Relativ kostengünstig ist das *Schiedsgutachten* durch einen Experten, der von beiden Seiten akzeptiert wird. Vorher muss vereinbart werden, inwieweit das Ergebnis des Schiedsgutachtens akzeptiert wird und wer hierfür die Kosten trägt. Alternativ kann auch ein *Mediator* eingesetzt werden, der einen Interessenausgleich versucht und bei der Konfliktlösung unterstützt. Er bringt jedoch keinen eigenen Vergleichsvorschlag ein.

Zeigen diese Maßnahmen keine Wirkung, bleibt meist nur noch das *Schiedsgerichtsverfahren*, das unter Ausschluss der Öffentlichkeit abläuft. Jede Partei nominiert einen Vertreter seiner Interessen und ein Vorsitzender begleitet das Verfahren. Die Mediationsunterlagen dürfen nicht für das Schiedsgerichtsverfahren verwendet werden.

5.7 Claimbilanz

Nach dem Ende der Abschlussverhandlungen ist es Zeit, das tatsächlich erzielte Ergebnis zu analysieren. Zu diesem Zeitpunkt sind alle Claims entschieden und das weitere Vorgehen mit dem Vertragspartner ist festgelegt.

Die *Claimbilanz* errechnet sich wie folgt:

> Mehrkosten durch das Claimereignis
>
> *plus*   Kosten der Claimbearbeitung
>
> *minus*   der nach Verhandlung zugestandene Betrag
>
> =   *Claimergebnis*

Für die gesamte Claimbilanz ist diese Berechnung

- für alle Vertragspartner

- bezogen auf Eigen- und Fremdclaims

durchzuführen. Ergibt sich bei dieser Erfolgskontrolle ein negativer Betrag, sind sowohl die Qualität der systematischen Aufbereitung von Sachverhalten unter Anwendung aller relevanten Vertragsgrundlagen als auch die Qualität der methodischen, zielgerichteten und der Projektstrategie entsprechenden Durchsetzung zu hinterfragen.

> *Ein negativer Betrag als Claimerfolg*
> *verschlechtert das Projektergebnis,*
> *sofern in der MIKA keine Risikovorsorge eingestellt wurde.*

Die Effektivität muss in diesem Fall infrage gestellt und die Gründe des Misserfolges müssen erörtert werden. Erkannte Fehler müssen als *„Lessons Learned"* festgehalten und kommuniziert werden.

> *Entspricht die angewandte Strategie jedoch der*
> *Unternehmensstrategie, so kann ein negatives Ergebnis*
> *aber durchaus als Claimerfolg gewertet werden,*
> *wenn es im Sinne der übergeordneten Firmenpolitik ist.*

5.8 Der Prozess des Claim Managements

Bisher wurden die Claimschritte in diesem Buch als Abfolge von Aktivitätsbeschreibungen vorgestellt. In Bild 5.4 sind die einzelnen Schritte und Möglichkeiten in einem Ablaufdiagramm übersichtlich zusammengestellt. Neben der Claimmöglichkeit gegenüber Lieferanten, Konsortialpartnern oder dem Auftraggeber kann die Ursache für Abweichungen zum Vertrag auch im eigenen Unternehmen liegen. Die Kosten für die interne Fehlerbearbeitung fallen unter die *Fehlleistungskosten – Non Conformance Costs (NCC)* – und bedürfen einer verursachergerechten Zuordnung mit der entsprechenden Festlegung von Verbesserungsmaßnahmen.

Die wichtigsten Schritte in der Claimabwicklung liegen in der Beobachtung (Identifizierung) und der Kommunikation. Jede Änderung vom Vertragssoll wird nach einer für das Projekt passenden Systematik erfasst, dokumentiert und somit für andere Projektbeteiligte nachvollziehbar. Die Beobachtungen werden von allen Projektmitarbeitern, welche für ihren Vertragsteil vom Claim Manager auf Abweichungen sensibilisiert wurden, dem Claim Manager gemeldet und von diesem systematisch festgehalten.

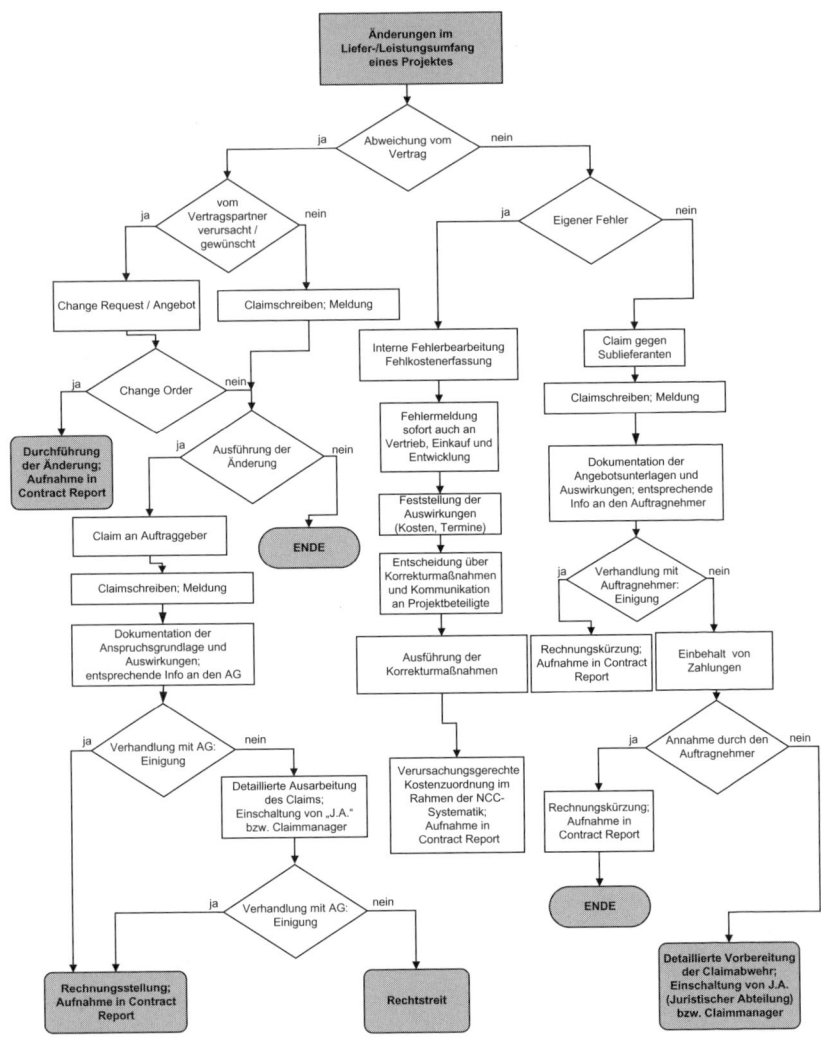

Bild 5.4
Der Claimprozess

5.9 Beteiligte am Claimprozess

Die Projektmitarbeiter müssen vom Projektleiter oder vom Claim Manager entsprechend ihrer Rollen im Projekt über das Vertragssoll informiert werden.

5 Operatives Claim Management

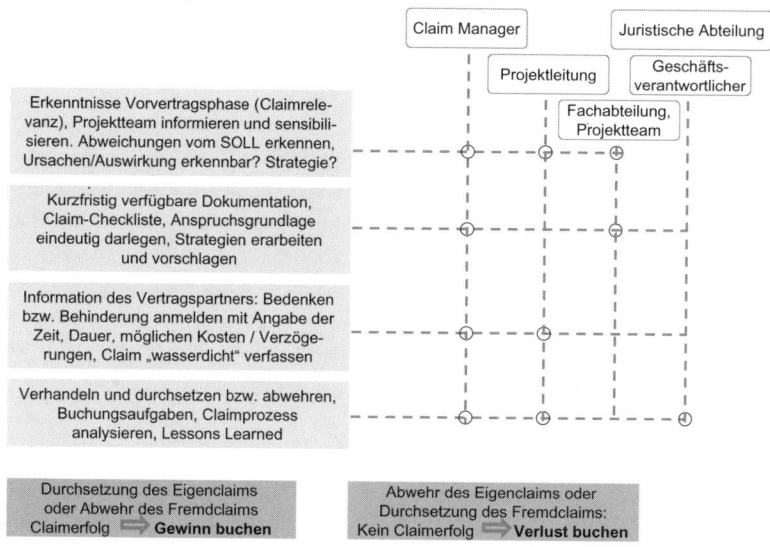

Bild 5.5
Beteiligte am operativen Claimprozess

Sie erhalten die Vorgabe, erkannte Abweichungen, die im Laufe des Projekts z. B. bei Engineering, Einkauf/Procurement, Fertigung, Bau, Montage und Inbetriebsetzung entstehen, aufzuzeichnen und fotografisch festzuhalten oder in Plänen einzuzeichnen und dem Claim Manager zu melden.

Ein Großteil der identifizierten Änderungen tritt erfahrungsgemäß in der Bau- und Montagephase auf. Dem Claim Management kommt gerade in diesen Phasen eine besondere Bedeutung zu. Die Aufbereitung der Unterlagen erfolgt durch den Claim Manager oder den Projektleiter selbst. Vor der Übergabe des Claims ist der Geschäftverantwortliche zu informieren bzw. einzubinden. In der Regel sind die Claims über den Projektleiter an den Vertragspartner weiterzuleiten. Bild 5.5 zeigt die Verantwortlichkeiten der Beteiligten am Claimprozess.

5.10 Zeitverzüge, die nicht eindeutig zuzuordnen sind

Wie stellt sich die Situation dar, wenn sich der Zeitverzug nicht eindeutig dem Auftraggeber oder Auftragnehmer zuordnen lässt? Wenn die Ursachen für den Zeitverzug auf beiden Seiten liegen?

Pinnells spricht in dieser Situation vom *„Concurrent Delay"*. Der Auftraggeber verursacht beispielsweise einen ungeplanten 2-wöchigen Montagestopp. Während dieser ungeplanten Unterbrechungsphase ist die Lieferung einer Komponente des Auftragnehmers – auf dem kritischen Pfad – zu Beginn der 2. Unterbrechungswoche terminiert. Jedoch verzögert sich aufgrund eines Bearbeitungsfehlers diese Lieferung um eine Woche. Wäre nicht der Baustopp eingetreten, hätte sich der Lieferverzug der Komponente zu Lasten des Auftragnehmers ausgewirkt.

Wer ist für den Verzug und die Folgen verantwortlich?

Keine leichte Aufgabe, da hierfür unterschiedliche Sichtweisen existieren, die Pinnells wie folgt beschreibt:

* *Der First-Line Approach*

  Wer die zeitlich erste Ursache setzt, ist für den Verzug alleinig verantwortlich, d. h. mit Eintritt des Baustopps durch den Auftraggeber ist der kritische Pfad als um 2 Wochen verlängert anzusehen. Ein zusätzliches Ereignis kann das unterbrochene Projekt nicht noch einmal verzögern.

* *Der Dominant-Cause Approach*

  Hier stehen die miteinander konkurrierenden Ursachen im Mittelpunkt:

  Unter der Annahme, dass sich beide Ursachen am gleichen Tag zeigen, also keine Ursache zeitlich vor der anderen liegt, ist der überwiegende Grund der ungeplante Montagestopp und die pünktliche Ankunft der Komponente dann nicht mehr wesentlich. Der Auftragnehmer wird vor dem eigenen Verzug bewahrt.

* *Apportionment Approach*

  Hier wird eine Lastenverteilung der konkurrierenden Ursachen angestrebt, d. h. die Terminverzögerung wird anteilig verteilt. Der Auftragnehmer ist für eine Woche Verzug und der Auftraggeber für 2 Wochen Verzug verantwortlich.

Alle drei Möglichkeiten sind durch gerichtliche Entscheidungen untermauert und müssen individuell betrachtet werden.

In diesem Zusammenhang stellt sich die nächste Frage:

Wem gehört der Puffer (Float)?

Pufferzeiten (Float) sind wichtige Zeitreserven oder Sicherheiten für den Fall, dass der Fortschritt durch den Auftragnehmer nicht so zügig abläuft wie geplant. Bei der Komplexität von Projekten treten immer Verschiebungen auf, die mit Hilfe von Puffern wieder aufgefangen werden können.

Opfert der Auftragnehmer diese Reserven freiwillig für den Auftraggeber, um zu einem späteren Zeitpunkt selbst in terminliche Bedrängnis zu kommen? Sicherlich nicht!

Vor diesem Hintergrund rät Pinnells zum dem zweifelhaften Verfahren, diese Reserven nicht explizit auszuweisen oder Pufferzeiten in den Tätigkeiten zu verstecken.

Pufferzeiten gehören zum eigenen Risikomanagement
und darüber hat nur der Auftragnehmer zu verfügen.

5.11 Eskalation des Claimprozesses

Der Claimprozess ist ein in sich geschlossener Vorgang, der die Informationen aus dem Projektcontrolling nutzt. Der kontinuierliche Soll-Ist-Vergleich des Projektfortschritts dient dazu, Vertragsabweichungen festzustellen und die nächsten Schritte einzuleiten. In Bild 5.4 war der Claimprozess in einem Ablaufdiagramm visualisiert, jedoch laufen die einzelnen Schritte in der Praxis nicht immer sequenziell ab.

Es kommt zu Unterbrechungen im Ablauf, zu Verschiebungen und Iterationen und mit jeder Aktion entfernt man sich mehr vom „eigentlichen Ursprung". Einwände und Anmerkungen des Vertragspartners müssen erneut bewertet und verifiziert werden, die Claimforderung ist neu zu erstellen, Nachweise werden angezweifelt usw. Der Aufwand für die Bearbeitung steigt an, die Zeit schreitet voran, auf der Projektebene lässt sich die Problematik nicht mehr lösen.

Diese schwierige Situation lässt sich gut durch eine eskalierende Spirale beschreiben (Bild 5.6). Um aus dieser Spirale wieder herauszukommen, bedarf es einiger Anstrengung, insbesondere auf der zwischenmenschlichen Ebene.

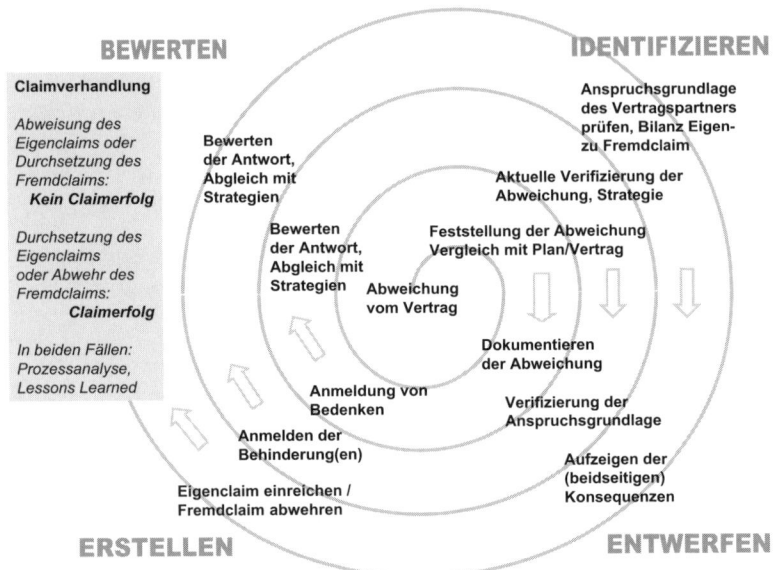

BEWERTEN

Claimverhandlung

Abweisung des
Eigenclaims oder
Durchsetzung des
Fremdclaims:
    Kein Claimerfolg

Durchsetzung des
Eigenclaims
oder Abwehr des
Fremdclaims:
    Claimerfolg

In beiden Fällen:
Prozessanalyse,
Lessons Learned

Bewerten
der Antwort,
Abgleich mit
Strategien

Bewerten
der Antwort,
Abgleich mit
Strategien

Abweichung
vom Vertrag

Anmeldung von
Bedenken

Anmelden der
Behinderung(en)

Eigenclaim einreichen /
Fremdclaim abwehren

ERSTELLEN

IDENTIFIZIEREN

Anspruchsgrundlage
des Vertragspartners
prüfen, Bilanz Eigen-
zu Fremdclaim

Aktuelle Verifizierung der
Abweichung, Strategie

Feststellung der Abweichung
Vergleich mit Plan/Vertrag

Dokumentieren
der Abweichung

Verifizierung der
Anspruchsgrundlage

Aufzeigen der
(beidseitigen)
Konsequenzen

ENTWERFEN

Bild 5.6
Eskalation des Claimprozesses

5.12 Claimbeispiele und Musterbriefe

Im Anhang (Kapitel 7) sind Beispiele aus dem Schriftverkehr zu Claims vorgestellt:

- 7.11 zeigt ein Muster eines Termin- und Kostenclaims, welcher in der Baubranche üblicherweise als Nachtrag bezeichnet wird. Es handelt sich um einen Vertrag auf der Grundlage der VOB/B, der eine Forderung auf eine Verlängerung der Ausführungsfristen und auch die Forderung nach einer Vergütung infolge der im Claim beschriebenen Behinderung beinhaltet. Es handelt sich hier um einen Claim, herausgelöst aus 170 anderen, sehr ähnlich aufgebauten Claims zum gleichen Projekt. Das Hauptaugenmerk liegt in diesem Claim auf der Verlängerung der Ausführungsfristen. Der (relativ geringe) Eurobetrag ist in diesem Claim sekundär.

- 7.12 zeigt einen Claim in englischer Sprache, der erstens die (mehr oder weniger) unstrittigen Forderungen bezüglich der nachweisbaren Mehrlieferungen unter Berücksichtigung von Minderungen enthält. Zweitens werden Ansprüche auf Vergütung von Mehrkosten für Vorhaltung der Projektleitung einschließlich des erhöhten Aufwands für Lagerung, Versicherung und Zinsverlust gefordert und drittens als

Hochrechnung auf die immer noch ausstehende Fertigstellung der kundenseitig zu verantwortenden Vorliegerleistung weitere Kosten in Aussicht gestellt.

- 7.5 dient zum Melden von Behinderungen. *Dabei ist zu beachten, dass der Wegfall der Behinderung dem Vertragspartner ebenfalls unverzüglich gemeldet werden muss!* Das kann ein formloses Schreiben sein (ein Beispiel bietet Anhang 7.6).

- 7.13 ist ein Beispiel eines Claimschreibens in französischer Sprache mit deutscher Übersetzung (7.14).

- 7.4 bietet ein Beispiel für die Direktmeldung einer Behinderung auf der Baustelle.

- 7.3 zeigt ein Muster für die Festlegung der Verantwortlichkeiten für die einzelnen Arbeitspakete in einer Aufgabenteilung.

In den meisten Fällen wird der Projektleiter, der kaufmännische Projektleiter oder ein Mitarbeiter aus dem Projektteam das Claim Management betreiben, den Schriftwechsel gemeinsam mit dem Projektleiter und dem Geschäftsverantwortlichen sichten und die Claimverhandlungen durchführen. Es hat sich bewährt, dafür Musterbriefe und Vorlagen zu nutzen, wie sie in diesem Buch vorgestellt werden.

- Anhang 7.10 zeigt noch einmal die bereits in Bild 5.2 gezeigte Claimerfassungsmatrix, ergänzt durch Erläuterungen in der untersten Zeile. Die gezeigte Tabelle kann unmittelbar in dieser Form als Claimerfassungsmatrix eingesetzt werden. Im Folgenden ist ein Beispiel beschrieben, in dem sich diese Matrix gut bewährt hat, allerdings wurde sie für den Einsatz erweitert und mit Hyperlinks zu den einzelnen und im selben Projektordner gespeicherten Dokumenten ausgestattet, wodurch das jeweils benötigte komplette Schriftstück per Mausklick aufgerufen werden konnte.

In der Praxis sieht die Situation für den Claim Manager zum Teil anders aus als es in Lehrbüchern dargestellt wird: Entsprechend der Lehre stellt der Claim Manager den Treiber dar, der durch die Umsetzung der Claimmethoden „Einfordern von berechtigten Eigenclaims und Abwehr unberechtigter Fremdclaims" zu einem nachhaltigen Projekterfolg beitragen soll. Es ist aber genauso gut möglich – und durchaus üblich, seitens der Projektleitung aus Kostengründen erst bei offensichtlicher Projektmisserfolgstendenz einen Claim Manager als „Wunderheiler" einzusetzen, was dann aber nur bedingt zum erwarteten Erfolg führen kann. Schließlich sind bis zu 70% der Fehler in der Projektabwicklung erfahrungsgemäß bereits in der Angebotsphase begründet!

Ein einfaches Beispiel soll die in solchen Fällen typische Erwartungshaltung von Projektleitern und Geschäftsverantwortlichen aufzeigen. Begriffe wie Auftraggeber und Kunde werden dabei synonym benutzt. Vorneweg gesagt: Der Claim Manager war ein erfahrener Projektleiter und Krisenmanager, der auch die Controlling- und Claimprozesse beherrschte.

Im Mai 2004 wurde ein Angebot in einer bis dahin beim Anbieter noch nicht durchgeführten Technik auf dem Gebiet der Verfahrenstechnologie gelegt. Erfahrung gab es allerdings bereits in mehreren abgewickelten Projekten mit ähnlich gelagerten Technologieschwerpunkten. Risiken bestanden somit offensichtlich in eher geringem Maß, zumal es sich um einen Kunden handelte, mit dem seit Jahrzehnten Geschäfte gemacht wurden. Der Angebotspreis lag außerdem in einer Höhe, zu der üblicherweise die Geschäftsleitung nicht gesondert angefragt wurde. Und es gab da ja auch die beigehefteten Allgemeinen Geschäftsbedingungen, welche im Angebot auch aufgeführt waren.

Bei den Vertragsverhandlungen widersprach der Kunde dem gelegten Angebot in vielen Punkten und machte nun seinerseits einen Gegenvorschlag in Form eines Lastenheftes. Es kam zu einer Einigung. Damit hatte das letzte Angebot, also das „Angebot des Auftraggebers" (vgl. Abschnitt 4.1.2), Vorrang vor dem ersten und wurde Vertragsbestandteil.

Bereits nach wenigen Wochen stellten sich erste Verzüge beim Verfassen des Pflichtenheftes ein. Die Terminpläne konnten somit nicht verabschiedet werden und der Projektstart verzögerte sich, wodurch der Kunde den Auftragnehmer in Verzug setzte. Eine rasch durchgeführtes Projektaudit zeigte Schwachstellen im Projektvertrag und in der Projektabwicklung auf und auch, dass die Kosten als Vorschau bereits auf ein negatives Projektergebnis zuliefen.

Ein Claim Manager wurde gerufen. Seine erste Tätigkeit war ein „Claimkickoffgespräch" mit dem Geschäftsverantwortlichen, dem Angebotsprojektleiter, dem Abwicklungsprojektleiter und dem Projektauditor. Es folgte ein ausführliches Gesprächsprotokoll und die Durchführung einer Stakeholderanalyse, beides diente als Basis des weiteren Vorgehens.

Als nächstes wurde die Vertragsgrundlage unter Zuhilfenahme einer bereits früher verfassten Kommentierung des damals zu Rate gezogenen Contract Managers revidiert, wobei sich herausstellte, dass das erste Angebot des nachmaligen Auftragnehmers nicht in der aufgelisteten Reihenfolge der gültigen Vertragsdokumente aufgenommen war: Es wurde ein Gegenangebot unterbreitet, welches weder die Allgemeinen Geschäftsbedingungen des Auftragnehmers noch die Ausschlüsse in seinem Angebot enthielt. Damit waren Haftungsfragen offen, aber auch beispielsweise die Durchführung der Erd- und Betonarbeiten, welche das erwähnte erste Angebot ausgeschlossen hatte. Der Claim Manager addierte daraufhin die erkannten Risiken in der Projektrisikoliste, *qualifizierte* und *quantifizierte* die *Risiken* neu.

Die Aufklärung des Projektteams über das Wesen des Claim Managements stand dann im Vordergrund. Die Kenntnis des Vertragssolls sowohl im Ganzen, auch für das einzelne Projektteammitglied speziell, ist wichtig, damit Abweichungen in den Arbeitspaketen und in der gesamten Vertragserfüllung erkannt werden. Ein bis dato in Ansätzen vorhandenes, aber noch nicht gelebtes Kommunikationsverfahren wurde beschlossen, die Projektteammitglieder, der Projektleiter und die Geschäftsleitung wurden mit der Vorgabe der Abweichungsmeldungspflicht darin eingegliedert. Die Organisation musste den neuen Verhältnissen angepasst werden, der Claim Manager übernahm Aufgaben des Project Controllers. Außerdem wurde noch ein Technologieexperte für die tatsächlich angewandte Technik ins Kernteam integriert.

Dann begann das Sichten des bis dahin im Projekt gelaufenen Schriftverkehrs, die tabellarische Auflistung von Eigenclaims und von zu erwartenden Fremdclaims entsprechend der Claimerfassungsmatrix in Anhang 7.10.

Schnell stellte sich heraus, dass die Erstellung des Pflichtenheftes eine kundenseitige Beschreibung bestimmter Funktionen und einen projektspezifischen Funktionsplan notwendig machte. Aufgrund der eigenen schwachen Ausgangsposition bis dahin meldete der Claim Manager vorerst Bedenken über eine rechtzeitige Fertigstellung des Pflichtenheftes wegen der fehlenden Funktionspläne an. Die rasche Antwort des Kunden war eine Verlagerung der Problemzone auf die voraussehbaren Zeitverzüge bei der Fertigstellung einzelner Standardlieferkomponenten. Es war dem Kunden bekannt, dass zwei Zulieferer des Auftragnehmers Alleinstellungsmerkmale am Fachmarkt hatten, davon einer gut ausgelastet war und der andere Liquiditätsprobleme hatte.

Der Terminplan wurde auf Soll-Ist-Termine geprüft. Wie sich zeigte, hatten die fehlenden Funktionspläne die Erstellung des Pflichtenheftes behindert. Der Anspruch des Auftraggebers auf vollständige Lieferung des Pflichtenheftes zu einem vertraglich festgelegten Zeitpunkt war unrealistisch ohne die Beistellung der Funktionspläne, was eine kundenseitige Mitwirkungspflicht bedeutete. Damit verschoben sich weitere Fertigungs- und Werksabnahmetermine. Neben den entsprechenden Meldungen von Behinderungen, welche nicht vom Auftragnehmer zu vertreten waren, wurden zu der Beanspruchung einer Verlängerung der Ausführungspflichten bereits jetzt finanzielle Ansprüche angemeldet, hochgerechnet auf die Projektlaufzeit und die absehbare Verlängerung.

Innerhalb des Projektes wurde das Team weiterhin optimiert, der Projektqualitätsmanager zum Verantwortlichen für die Lieferanten des Auftragnehmers festgelegt. Als „Expeditor" kümmerte er sich nun auch um die qualitativ und quantitativ korrekte Abwicklung der Lieferantenverpflichtungen und informierte den Claim Manager unverzüglich über festgestellte Mängel oder Abweichungen. In diesem Zusammenhang lehnte der Auftraggeber eine Werksabnahme beim Hauptlieferanten ab mit der Begründung, die Anlage wäre nicht vollständig abnehmbar, wie vertraglich gefordert. Bei diesem

Lieferanten konnte jedoch nur die Funktion der einzelnen Großkomponenten, auch in gruppenweiser Verschaltung, abgenommen werden, die Abnahme der Gesamtanlage sollte laut eigener Planung vor Lieferung auf die Baustelle in einem eigens dafür vom Auftragnehmer bereitgestellten Prüffeld durchgeführt werden. Dazu war auch die Anwesenheit des Auftraggebers vertraglich vereinbart.

Eine neuerliche Stakeholderanalyse ergab, dass die Personalkapazität des Auftraggebers an dieser Stelle äußerst dünn war, er also Zeitverschiebungen brauchte. Er arbeitete offensichtlich auf Zeitgewinn. Eine Werksabnahme für die Gesamtanlage in Simulation war vertraglich festgelegt und eine seiner Mitwirkungspflichten.

Inzwischen wurden kundenseitig Forderungen nach Bauarbeiten gestellt. Die im Angebot ausgeschlossenen Bautätigkeiten waren im „Gegenangebot" – vom Auftragnehmer dem Auftraggeber durch Auftragsbestätigung beschrieben – als wirksame Annahme bestätigt. Die Arbeiten mussten als Vertragsbestandteil ausgeführt werden und die Kosten in die Mitkalkulation eingepflegt werden.

Die gefährdeten Zulieferungen konnten durch eine Nachverhandlung beim einen kritischen Hersteller mit „gedeckeltem Höchstpreis" (Preislimitierung) sowie dessen Teilübernahme von Risiken und beim zweiten Hersteller durch Leisten einer Vorauszahlung für Materialbestellungen aufgefangen werden, was wiederum das eigene Risiko erhöhte. Außerdem konnte der Expeditor weitere Zulieferer als Rückfallebene feststellen. Der Auftragnehmer musste bald zu dem von ihm zu vertretenden Zeitverzug stehen und räumte eine Verlängerung der Ausführungsfristen ein. Die Kosten für den erhöhten Personalaufwand musste zum Teil das Projekt tragen. Mehrkosten für verlängert angemietete Büroräume, Baustelleneinrichtungen und ähnliches hatte der Auftraggeber zu vertreten. Weitere Folgekosten waren ausgeschlossen.

Das Projektergebnis ging am Ende mit einer „schwarzen Null" aus. Bei Inkrafttreten der Verzugsregelung (Pönale/Schadenersatz) aus dem Vertrag wäre es zu höheren Verlusten gekommen. Der Einsatz des Claim Managers hatte sich, nachgewiesen durch die mitgeführte Claimbilanz, auch noch in dem fortgeschrittenen Projektverlauf gelohnt. Sowohl seine Erfahrung in vielen Aspekten des Projektleitungsumfeldes als auch die spezielle Erfahrung als Claim Manager und sein Zugang zu Musterschreiben, Mustertabellen und Fallbeispielen waren hilfreich.

Zusammengefasst hier noch einmal die Schritte des Vorgehens bei dem geschilderten Beispiel:

1. Claimkickoff, Stakeholderanalyse

2. Vertragslesung mit dem Team, *quantitative* Neubewertung der Risiken

3. Etablierung des Claimprozesses und Mitwirkungsverpflichtung und Kommunikationsvorgabe für das gesamte Team

4. Einsatz der Claimerfassungsmatrix

5. Standardschreiben verfassen bzw. beantworten: Bedenken, Behinderung

6. Terminabgleich Soll-Ist, Ermittlung von Abweichungen, Claims verfassen/abwehren

7. Teamoptimierung (Expeditor, Experte für Controllingaufgaben, Technologe), Anpassung der Stakeholderanalyse und kontinuierliches Risikomanagement; Claims verfassen/abwehren, erste Claims bereits verhandeln

8. Abgleich Eigenclaims-Fremdclaims, Aktualisierung der Claimbilanz

9. Neuverhandlungen zu beiden Seiten hin (Auftraggeber, Lieferanten)

10. Claimbilanz, Projektabschluss, Lessons Learned

Als wichtiger, letzter Schritt sind hier die Erfahrungen, die „Lessons Learned" genannt.

Die Lessons Learned sind aufzuzeichnen und in einer entsprechenden Bibliothek den Projektverantwortlichen zugänglich zu machen: Vom (verkorksten) Angebot über das (unvollständige) Team, die (mangelhafte) Beschreibung der Arbeitspakete und Rollen, die (zielgerichtete) Kommunikation bis zum zeitlichen und finanziellen Controlling sollten alle Erkenntnisse anderer Projektleitern und Claim Managern des Auftragnehmers zugänglich gemacht werden.

6 Das Umfeld des Claim Managements

In diesem Kapitel wird das Umfeld des Claim Managements beleuchtet:

- Wer übernimmt welche Rolle im Projektteam, ab wann lohnt der Einsatz eines Claim Managers?

- Welche strategischen Aspekte sind beim Claimen zu beachten und wo liegen die Grenzen von Claim Management?

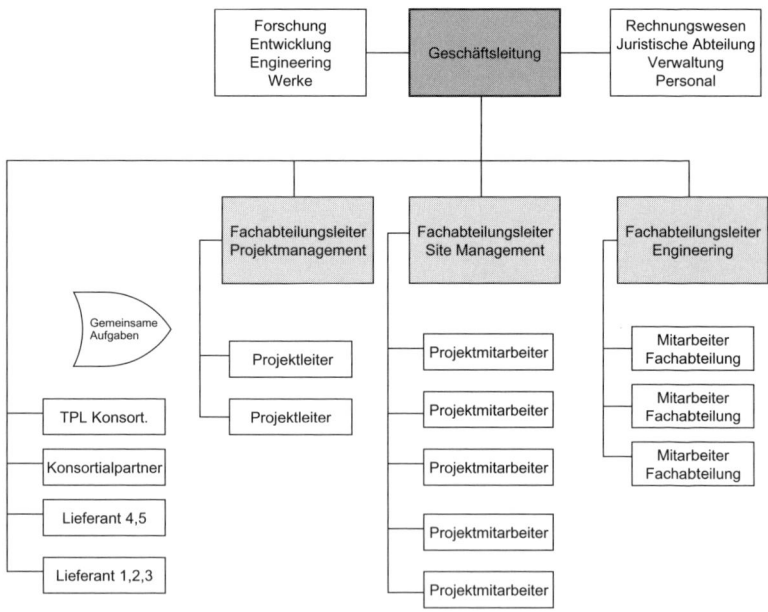

Bild 6.1
Claim Management in „kleinen" Projekten

6.1 Claimorganisation

Je nach Größe des Projekts in finanzieller, zeitlicher und sachlicher Hinsicht – dem Liefer- und Leistungsumfang – ist zu Beginn des Projekts eine Strategie für die Funktion des Claim Managements und dessen Rolle zu definieren:

- In kleinen Projekten, mit wenig Risiken, mit bewährter Technik, einer geringeren Anzahl von Schnittstellen und weitestgehend standardisierten Verträgen, wird das Claim Management in Personalunion durch den Projektleiter gemeinsam mit dem kaufmännischen Projektleiter oder einem Claim Manager, der für mehrere Projekte verantwortlich ist, durchgeführt (Gemeinsame Aufgaben). Die übergeordnete Projektverantwortung einschließlich der Festlegung der anzuwendenden Claimstrategie liegt weiterhin beim Geschäftsverantwortlichen (Bild 6.1).

- In „großen", sachlich aufwändigen, mit Risiken behafteten, komplizierten Individualverträgen, meist bei internationalen und dezentral organisierten Projekten, mit unüblichen Rechtssystemen, mehreren fremden Kulturkreisen und Sprachen empfiehlt es sich, dem Projektleiter oder dem kaufmännischen Projektleiter zusammen mit einem Vollzeit-Claim-Manager die Aufgabe des Claimverantwortlichen zu übertragen. Der Claim Manager ist Bestandteil der Projektorganisation (Bild 6.2).

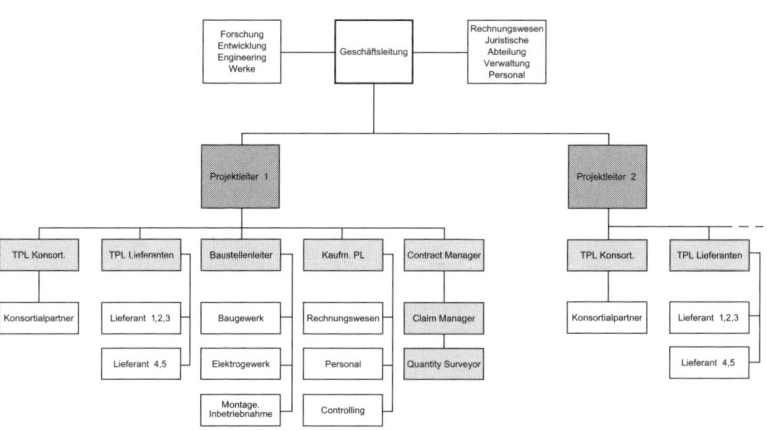

Bild 6.2
Claim Management in großen Projekten

6.2 Claimstrategie

6.2.1 Systemisches Strategiedenken

Der Satz aus dem Volksmund „Das Hemd ist einem näher als der Rock" trifft auch im Claim Management zu. Der Projektleiter, sein Projektkernteam einschließlich des Claim Managers leben den Teamgeist, „ihr" Projekt steht im Mittelpunkt. Das verführt dazu, das übrige Umfeld außer Acht zu lassen und andere Interessen nicht zu berücksichtigen. Es besteht die Gefahr der Verselbständigung und Entkoppelung.

Um dies zu vermeiden ist eine projektspezifische Claimstrategie im Projekthandbuch hinterlegt, die für den Auftraggeber wie für Lieferanten gleichermaßen anzuwenden ist.

Exemplarisch hier eine Beschreibung zur Vorgehensweise, die vorab mit dem Geschäftsverantwortlichen festzulegen ist:

1. Das Ziel unserer Zusammenarbeit ist der Ausbau der Geschäftsbeziehung zum Auftraggeber sowie zu den Lieferanten. Es werden keine unbegründeten und überzogenen Claims angemeldet. Es ist eine defensive Strategie zu wählen.

2. Die Projektteammitglieder werden im Rahmen eines Vertragsanalyse-Workshops über die vertraglichen Vereinbarungen informiert und für mögliche Vertragsabweichungen sensibilisiert.

3. Während der Projektabwicklung erfolgt eine kontinuierliche Prüfung, inwieweit Soll-Ist-Abweichungen bei der Vertragserfüllung entstehen.

4. Zusätzliche oder geänderte Leistungen sind auf Claimpotenzial und Risiken zu prüfen, d. h. unter anderem sind

   • Leistungsbehinderungen

   • fehlende Zulieferungen des Auftraggebers

   • fehlende oder fehlerhafte Zulieferungen von Subunternehmern

   • fehlende Beistellungen des Auftraggebers

   zu erfassen und unter Angabe des geforderten Zieltermins einzufordern.

5. Der Auftraggeber wird zeitnah in schriftlicher Form auf die Konsequenzen hingewiesen, wie z. B. Mehrkosten oder Terminverschiebung, sofern seine Leistungen nicht rechtzeitig vorliegen. Erfolgt innerhalb von 10 Arbeitstagen keine Reaktion durch den Auftraggeber, erfolgt eine Claimanmeldung. Der Geschäftverantwortliche ist darüber zu informieren und in den Vorgang mit einzubinden.

6. Zur systematischen Erfassung und Führung der Änderungen wird eine eigene Ablage für alle claimrelevanten Unterlagen geführt. In der Claimübersichtsliste werden alle im Verlauf der Auftragsabwicklung erfolgten Änderungen sowie der angemeldeten und zu erwartenden Eigen- und Fremdclaims dokumentiert.

Dies erfolgt gegenüber dem Auftraggeber und auch in Richtung Lieferanten.

7. Zur Kostenerfassung sind in der Mitkalkulation eigene Vorgänge zu eröffnen. Bei der finanziellen Bewertung der Claims sind Risiken, Mängelhaftung, Sachkosten und Overheadkosten mit zu berücksichtigen.

8. Grundsätzlich erfolgt die Durchführung von Änderungen erst nach schriftlicher Freigabe durch den Auftraggeber.

9. Kleinere Änderungen (Grenzwerte festlegen, z. B. < 10 h Aufwand) können auch gesammelt werden und in der folgenden Projektbesprechung mit dem Auftraggeber verhandelt werden.

10. Größere Änderungen (Grenzwerte festlegen, z. B. > 30 h Aufwand) werden zeitnah vor Leistungserbringung als formaler Claim angemeldet. Die Leistungserbringung erfolgt nur nach Zustimmung bzw. Bestätigung des Auftraggebers.

11. Zeitnah nach der Leistungserbringung erfolgt die Rechnungsstellung an den Auftraggeber.

12. Stellt der Auftraggeber eine Claimforderung, so ist darauf unmittelbar zu reagieren, indem die Forderung hinterfragt wird und die notwendigen Nachweise eingebracht werden. Mit dieser Vorgehensweise kann etwas Zeit gewonnen werden.

13. Eigenclaims sind als Tauschware bei der Claimabwehr einzusetzen.

14. Gegenüber dem Auftraggeber ist der Eingang einer Claimforderung mit dem Hinweis auf Prüfung zu bestätigen.

15. Voreilige schriftliche Zusagen und mündliche Aussagen sind zu vermeiden.

Neben den Projektinteressen bestehen übergeordnete Interessen, die sich in anderen Systemen abspielen. Neben der eigentlichen Projektstrategie existieren eine Strategie des Unternehmens, eine Linienstrategie und geschäftspolitische Strategie und im nächsthöheren System die Strategie der gesamten Wirtschaft einer Region oder eines Staates zu anderen Regionen oder Staaten (Bild 6.3).

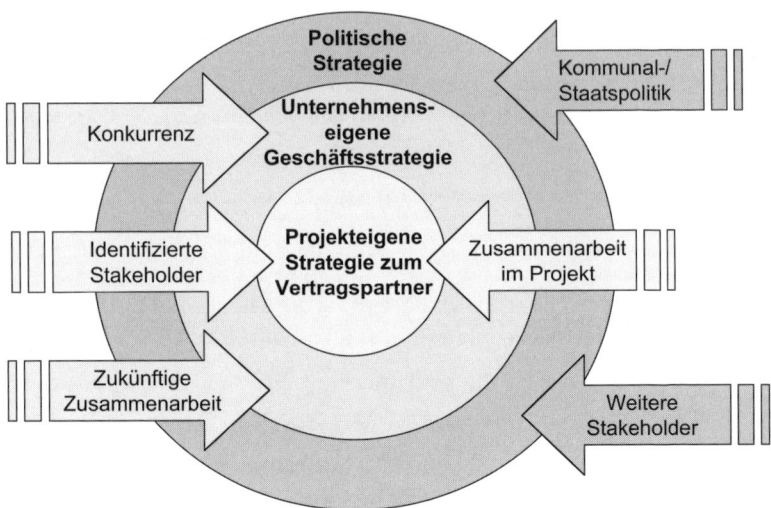

Bild 6.3
Systemisches Strategiedenken

Das kleine System des einzelnen Projektes muss unter Umständen dem Interesse übergeordneter Systeme nachstehen und somit möglicherweise aus Projektsicht berechtigte Claims zugunsten anderer vielleicht höherer Interessen übergeordneter Systeme zurücknehmen.

> *Für die tägliche Arbeit ist also eine regelmäßige Abstimmung*
> *mit den übergeordneten Zielen und Systemen notwendig,*
> *um nicht durch unbedachtes Handeln*
> *im Projektinteresse unnötige Unruhe zu stiften.*

In der Regel ist die Vorgehensweise mit dem Geschäftsverantwortlichen abzustimmen.

6.2.2 Einzel-/Gruppen-/Managementclaim

Neben der übergeordneten Strategie ist die einzelne Vorgehensweise bezogen auf den Claim und das Projekt festzulegen. Voraussetzung hierfür ist allerdings, dass das vertragliche Prozedere die im Folgenden beschriebene Vorgehensweise zulässt. Denkbare Möglichkeiten bezogen auf den Claim sind:

- *Einzelclaim*

  Der Einzelclaim stellt eine singuläre Forderung dar, die durch ihre Aktualität sehr leicht nachvollziehbar ist. Die zeitnahe Aufbereitung der Dokumentation kann aufgrund der Aktualität und Verfügbarkeit schnell erfolgen. Der Claimsteller kann mit dieser Vorgehensweise das Verhalten des Partners „testen" und es fällt im Projektablauf sehr früh eine Entscheidung über den Claim.

Diese frühzeitige Klärung hat den Vorteil, dass meist auch nicht extrem hohe bzw. sich summierende Forderungen verhandelt werden. Dies kann eine Lösung auf Projektleiter-Ebene ermöglichen.

Bei einer Häufung von Einzelclaims kann aber unter Umständen das Verhältnis zum Partner belastet werden. Wer kennt nicht das Gefühl „schon wieder ein Claim, wir wollen uns doch auf die wichtigen Punkte konzentrieren"? Damit einher geht auch der relativ hohe Verhandlungsaufwand für Einzelclaims.

- *Sammel- oder Gruppenclaim*

  Beim Sammel- oder Gruppenclaim werden mehrere Claims im Paket in einer z. B. regelmäßig vereinbarten Besprechung verhandelt. Beide Seiten können die gegenseitigen Forderungen miteinander ausgleichen. Da inzwischen wertvolle Zeit vergangen ist, gestaltet sich allerdings die Darstellung des Ereignisses schwieriger. Nur eine exakte, belegbare und detailliertere Dokumentation wie beim Einzelclaim hilft hier weiter.

  Fehlen diese Dokumente, so wird der Claim mit pauschalisierten Aussagen, häufig mangels belastbarer Argumente, zu Lasten des Claimstellers vom Verhandlungstisch gefegt.

- *Managementclaim*

  Der Managementclaim ist die eskalierte Form des Einzel- oder Gruppenclaims. Da sich die Vertragspartner auf Projektleiter- oder *Steering-Committee*-Ebene nicht mehr einigen können, wird das Management zu Rate gezogen. Der Ausgang dieser Verhandlungen ist ungewiss und erfordert seitens des Auftragnehmers eine gute Vorbereitung auf die Verhandlung, um nicht dem Risiko von „pauschalisierten Darstellungen" zu erliegen. Eine detaillierte Analyse der Unterlagen erfolgt in der Verhandlung meist nicht, jedoch ist sie wiederum Voraussetzung um überhaupt ins Gespräch zu kommen.

  Der Marktdruck, der Wink mit Folgeaufträgen oder bereichsübergreifende Geschäfte ermöglichen dem Auftragnehmer meist wenig Spielraum und dies kann in Zugeständnissen resultieren, die letztlich zu Lasten des Projekts gehen. Das Verhandlungsergebnis ist meist eine Pauschalsumme, die abgegolten wird.

Es lässt sich immer wieder erkennen, dass mit jeder zusätzlichen hierarchischen Verhandlungsebene der Aufwand für die Substanziierung des Claims zunimmt.

In Anbetracht der möglichen Claimstrategien ist es grundsätzlich empfehlenswert, so früh wie möglich berechtigte Ansprüche geltend zu machen und einvernehmlich zu klären. Jede unnötige Verschiebung erschwert im Allgemeinen die Durchsetzung und zieht zusätzliche Aufwände und einen ungewissen Ausgang nach sich.

Einen wesentlichen Beitrag zum rechtzeitigen Erkennen von Abweichungen leistet hierbei das Projektteam, das vor Ort beim Auftraggeber sitzt und die Claim-Sachverhalte zeitnah mittels Claimmeldeformular erfasst und den Projektleiter informiert. Dieser entscheidet dann – meist gemeinsam mit dem Management – über das weitere Vorgehen.

Allzu oft ist eine Klärung aus unterschiedlichen Gründen bewusst nicht gewünscht, da Interessenskonflikte selbst unternehmensintern auftreten können (Bild 6.4). Man denke beispielsweise an laufende Vertriebsgespräche beim Kunden. Claims aus einem Projekt können diese Gespräche unter Umständen empfindlich stören.

6.2.3 Claimstrategiematrix

Für das Claim Management hat sich in Bezug auf die Festlegung der aktuell richtigen Strategie die Durchführung von *Stakeholderanalysen* bewährt.

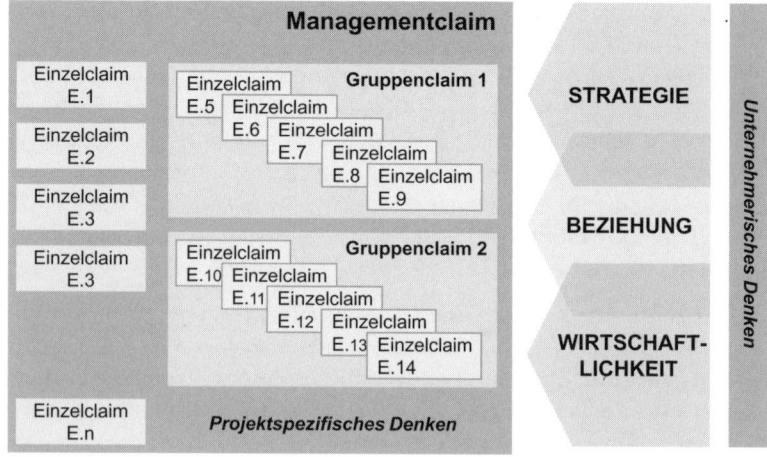

Bild 6.4
Einzel-/Gruppen-/Managementclaim

Betrachtet man beispielsweise das Kontinuitätsrisiko im Projektverlauf, so ändern sich die Bedingungen.

Kontinuitätsrisiko bedeutet, dass nicht unbedingt die Eingangskonditionen fortbestehen, welche zu Projektbeginn herrschten. So kann es beispielsweise zu Personalwechseln oder zur Veränderung der politischen Lage des einen oder des anderen Vertragspartners kommen.

Ein ehedem moderates Claimverhalten weicht dann unter Umständen einem aggressiven Vorgehen, welches bereits bei geringem Claimpotenzial verdächtiger Ereignisse maximal plausible Forderungen an den Vertragspartner stellen lässt beziehungsweise alle Fremdclaims in Frage stellt. Eine solche Strategie, bei der zwecks maximaler Zielerreichung nur gezielt Informationen an den Auftraggeber gegeben werden, wird als *offensives Claimverhalten* bezeichnet. Das Arbeitsklima ist meist unterkühlt, weil sich dieses Verhalten in der Regel auf die zwischenmenschlichen Beziehungen zwischen Auftraggeber und Auftragnehmer niederschlägt, und wir können hier nur raten, die Folgen einer offensiven Vorgehensweise genau zu analysieren und zu überdenken.

Die andere mögliche Vorgehensweise im operativen Claim Management ist ein *defensives Claimverhalten*. Nur bei gravierenden Abweichungen vom Vertragssoll werden Claims gestellt und auch nur in der Höhe der tatsächlichen Aufwendungen. Berechtigte Fremdclaims werden eher akzeptiert und es wird auf guten und harmonischen Kundenkontakt bei korrekter Vertragsabwicklung geachtet.

Unabhängig vom Claimverhalten ist bei der Vertragsgestaltung darauf zu achten, dass der Vertrag möglichst wenige Grauzonen beinhaltet. Zwillich schreibt hierzu sinngemäß, dass in einem Vertrag eine möglichst große Anzahl von Meilensteinen definiert werden sollte. „Damit werden Kunde und Lieferant in die Pflicht genommen, und es wird derjenige im Projekt Probleme bekommen, der seine Abwicklungsprozesse weniger gut beherrscht."

Ziel sollte es sein, die Claimstrategie (Bild 6.5) im Prinzip unabhängig vom Vertrag zu wählen. Aufbauend auf den Vertragsdetails ist dann auszuwählen, welche Strategie zu welchem Zeitpunkt im Projekt zur Anwendung kommt. Natürlich ist ein weniger klar strukturierter Vertrag nachteilig für den Auftragnehmer, er kann gar keine Strategie auswählen, da er in Diskussionen verhaftet ist.

Regelmäßige Projektstatussitzungen und Soll-Ist-Vergleiche bezogen auf den Liefer- und Leistungsumfang helfen dem Claim Manager wie auch dem Projektleiter einschließlich seines Projektteams, stets auf dem aktuellem Stand bei der Projekt-/Vertragsabwicklung zu sein.

ASPEKTE		VERHALTEN	
Vertrag		Geringes Claimpotenzial	Hohes Claimpotenzial
Eigenclaims	Claimschwelle	Nur bei gravierenden Verstößen wird ein Claim angemeldet	Alle claimverdächtigen Ereignisse
	Claimforderung	In Höhe der tatsächlichen Auswirkung	Maximale bis überhöhte Forderungen
Fremdclaims		Berechtigte Forderungen akzeptieren	Alle Fremdclaims in Frage stellen
Claimforderung		Jede Abwehrmöglichkeit ausschöpfen	Nur gezielte Informationen geben
Strategie		Defensives Claim Management	Offensives Claim Management

Bild 6.5
Claimstrategiematrix (nach Zwillich)

6.3 Vorbehalte zum Claim Management

Oft ist zu hören, dass Claim Management das als gut empfundene Verhältnis zum Vertragspartner störe, sei es zum Auftraggeber oder zum Lieferanten. Kein Auftragnehmer könne dem Auftraggeber eine sofortige Inanspruchnahme von Nachforderungen bei Vertragsabweichungen zumuten.

Aber stellen Sie sich vor, ihr neues Auto würde ohne Reserverad und Radio geliefert, welche jedoch im Kaufvertrag als kostenlose Beistellung genannt sind. Würden Sie, um „nur ja keinen Streit vom Zaun zu brechen", stillschweigend die fehlenden Teile auf ihre Kosten nachkaufen? Bestimmt nicht! Sie würden „reklamieren", also ihre berechtigten, da vertraglich zugesicherten Leistungen nachfordern.

Im Exportgeschäft ist das Claim Management gängige Praxis, in
unserem Kulturumfeld wird solch ein Verhalten oftmals als
Schwäche ausgelegt und sogar ausgenutzt.

Der Vertragspartner hat gegenläufige Interessen, betrachtet man auf der einen Seite die geschuldete Leistung und auf der anderen Seite den vereinbarten Gegenwert, die Bezahlung der geschuldeten Leistung. Der Vertragspartner ist gleichzeitig auch Vertragsgegner.

Das Claim Management muss von einer solchen Gegnerschaft – sprich Gegenläufigkeit der Interessen – ausgehen. Es geht schlichtweg nur um die sachliche Durchsetzung der inhaltlich gegenläufigen Interessen mit dem Ziel einer ordnungsgemäßen Vertragserfüllung.

Persönliche Beziehungen dürfen zwischen den Vertretern der Vertragspartner keine Rolle spiele, weder im Positiven noch im Negativen. Es gilt das Motto „hart, aber fair", unabhängig vom „Gegner".

Claim Management verwandelt nicht „schlechte" Projekte in „gute" Projekte.

Claim Management heißt, dass das Unternehmen, die Führungskräfte, der Projektleiter, der kaufmännische Projektleiter und das Projektteam auf die Aufgabe vorbereitet sind und die Bereitschaft zum Durchsetzen berechtigter Forderungen gegeben ist, auch wenn das vereinzelt Widerstand auslöst. Der Erfolg von Claim Management hängt wesentlich von der frühzeitigen Implementierung ab.

Claim Management beginnt bereits im Vorfeld des Projekts.

6.4 Schlussbemerkung

Im Anlagengeschäft ist kein Vertrag einhundert Prozent wasserdicht, Auftraggeber und Auftragnehmer, Konsorten und Lieferanten müssen zwecks Vertragserfüllung mit Abweichungen umgehen.

Projekte jeder Größe und Schwierigkeit sind betroffen, so dass Projektleitung und das gesamte Projektteam im Claimwesen gefordert sind. Ob eine eigene Person als Claim Manager erforderlich wird, entscheidet der Projektleiter, er trägt die Gesamtverantwortung für den Projekterfolg.

Claim Management ist weder „Störfaktor" noch „unanständig", weder notwendiges Übel noch Gelddruckmaschine. Denken Sie immer an den Satz:

„You get what you pay for – no gold plating!"

Claim Management ist ein notwendiger Stützpfeiler zum Erreichen des Projekterfolges.

Fair ausgeübt, festigt Claim Management wegen seiner Korrektheit in der Vertragsabwicklung das Verhältnis zum Kunden und schafft Vertrauen. Es dient nachhaltig dem Kundenbeziehungsmanagement.

7 Anhang

7.1 Werkvertrag

Einführung

Der Werkvertrag ist die zentrale Vertragsform im Anlagengeschäft. Wenn die Vertragsparteien einen Werkvertrag abschließen, so schuldet der Auftragnehmer einen Erfolg, der Auftraggeber die Vergütung der Leistung (§ 631 BGB). Ist keine Vergütung vereinbart, so bestimmt sich die Vergütung nach der für die Leistung üblichen Vergütung (§ 632 BGB).

In §§ 633ff. BGB ist die Mängelhaftung geregelt. Ein Mangel liegt dann vor, wenn der Auftragnehmer die Leistung nicht wie vereinbart erbringt, d. h. wenn die Ist-Beschaffenheit von der vertraglich geschuldeten Soll-Beschaffenheit abweicht. Wenn ein Mangel vorliegt, kann der Auftraggeber Nacherfüllung verlangen oder, soweit die Nacherfüllung fehlschlägt, den Mangel selbst beseitigen (Selbstvornahme), eine Minderung der Vergütung verlangen oder den Rücktritt wählen. Daneben kann der Auftraggeber die Schäden und Aufwendungen ersetzt verlangen, die ihm aufgrund der Mangelhaftigkeit des Werkes entstanden sind. Die Ansprüche des Auftraggebers verjähren nach § 634a BGB grundsätzlich innerhalb von 2 Jahren, bei Bauwerken in fünf Jahren. Die Verjährung beginnt grundsätzlich mit Abnahme des Werkes.

Die Abnahme regelt sich nach § 640 BGB. Der Auftraggeber muss das vertragsgemäß fertiggestellte Werk abnehmen. Er darf die Abnahme nur verweigern, wenn nicht nur unwesentliche Mängel des Werkes vorliegen. In der Praxis versucht der Auftraggeber nicht selten die Abnahme zu verschieben, um die Abnahmefolgen (insbesondere Gefahrübergang, Fälligkeit der Zahlung, Beginn der Mängelhaftungsfrist, Beweislastumkehr) hinauszuzögern. In solchen Fällen kann der Auftragnehmer nach § 640 Abs. 1 Satz 3 BGB eine sog. fiktive Abnahme herbeiführen, indem er dem Auftraggeber eine angemessene Frist zu Abnahme setzt und die Abnahme unterbleibt, obwohl Abnahmereife des Werkes vorliegt. Danach treten alle Abnahmefolgen ein, obwohl keine förmliche Abnahme stattgefunden hat. Der Auftragnehmer kann jedoch auch den Weg über § 641a BGB (Fertigstellungsbescheinigung) gehen.

In § 642 BGB sind die Mitwirkungspflichten des Auftraggebers geregelt. Kommt der Auftraggeber seinen Mitwirkungspflichten nicht nach, kann der Auftragnehmer Entschädigung verlangen oder den Vertrag kündigen (§ 643 BGB). Nach § 644 BGB trägt der Auftragnehmer bis zur Abnahme das Risiko des zufälligen Untergangs seiner Leistung.

Aufgrund der Vorleistungspflicht des Auftragnehmers und dem damit verbundenem Risiko für den Auftragnehmer, trotz erbrachter Leistung aufgrund einer Insolvenz des Auftraggebers keine Vergütung dafür zu erhalten, hat der Gesetzgeber eine Bauhandwerkersicherung in § 648a BGB eingeführt. Der Auftragnehmer kann danach jederzeit eine Sicherheit für bereits erbrachte und für künftige Leistungen verlangen, die vom Auftraggeber noch nicht vergütet wurden. Vertragliche Vereinbarungen, die von dieser Vorschrift abweichen, sind unwirksam. Die üblichen Kosten für die Sicherheit hat grundsätzlich der Auftragnehmer zu tragen. Leistet der Auftraggeber keine Sicherheit, kann der Auftragnehmer die Leistungen verweigern. Dabei muss sich der Auftragnehmer bewusst sein, dass nach Ablauf der von ihm gesetzten Frist der Vertrag automatisch als aufgehoben gilt. Der Auftragnehmer kann dann Schadensersatz vom Auftraggeber verlangen. Eine solche Sicherheit wird in der Praxis insbesondere dann relevant, wenn der Auftragnehmer Bedenken hat, ob er seine Vergütung erhalten wird, jedoch noch keine offensichtlichen Indizien für eine Insolvenz des Auftraggebers gegeben sind. Hilfreich ist die Bauhandwerkersicherung auch in denjenigen Fällen, in denen vertraglich zusätzlich die VOB/B vereinbart ist und es vor der Ausführung einer angeordneten zusätzlichen oder geänderten Leistung zu keiner Preisvereinbarung kommt.

Auszug aus BGB

Bürgerliches Gesetzbuch (April 2003) Buch 2. Recht der Schuldverhältnisse (§§ 241-853) Abschnitt 8. Einzelne Schuldverhältnisse Titel 9. Werkvertrag und ähnliche Verträge

Untertitel 1.
Werkvertrag (§§ 631–651)

§ 631   Vertragstypische Pflichten beim Werkvertrag

(1) Durch den Werkvertrag wird der Unternehmer zur Herstellung des versprochenen Werkes, der Besteller zur Entrichtung der vereinbarten Vergütung verpflichtet.

(2) Gegenstand des Werkvertrags kann sowohl die Herstellung oder Veränderung einer Sache als auch ein anderer durch Arbeit oder Dienstleistung herbeizuführender Erfolg sein.

§ 632   Vergütung

(1) Eine Vergütung gilt als stillschweigend vereinbart, wenn die Herstellung des Werkes den Umständen nach nur gegen eine Vergütung zu erwarten ist.

(2) Ist die Höhe der Vergütung nicht bestimmt, so ist bei dem Bestehen einer Taxe die taxmäßige Vergütung, in Ermangelung einer Taxe die übliche Vergütung als vereinbart anzusehen.

(3) Ein Kostenanschlag ist im Zweifel nicht zu vergüten.

§ 632a   Abschlagszahlungen

Der Unternehmer kann von dem Besteller für in sich abgeschlossene Teile des Werkes Abschlagszahlungen für die erbrachten vertragsmäßigen Leistungen verlangen. Dies gilt auch für erforderliche Stoffe oder Bauteile, die eigens angefertigt oder angeliefert sind. Der Anspruch besteht nur, wenn dem Besteller Eigentum an den Teilen des Werkes, an den Stoffen oder Bauteilen übertragen oder Sicherheit hierfür geleistet wird.

§ 633   Sach- und Rechtsmangel

(1) Der Unternehmer hat dem Besteller das Werk frei von Sach- und Rechtsmängeln zu verschaffen.

(2) Das Werk ist frei von Sachmängeln, wenn es die vereinbarte Beschaffenheit hat. Soweit die Beschaffenheit nicht vereinbart ist, ist das Werk frei von Sachmängeln,

1. wenn es sich für die nach dem Vertrag vorausgesetzte, sonst

2. für die gewöhnliche Verwendung eignet und eine Beschaffenheit aufweist, die bei Werken der gleichen Art üblich ist und die der Besteller nach der Art des Werks erwarten kann.

Einem Sachmangel steht es gleich, wenn der Unternehmer ein anderes als das bestellte Werk oder das Werk in zu geringer Menge herstellt.

(3) Das Werk ist frei von Rechtsmängeln, wenn Dritte in Bezug auf das Werk keine oder nur die im Vertrag übernommenen Rechte gegen den Besteller geltend machen können.

§ 634   Rechte des Bestellers bei Mängeln

Ist das Werk mangelhaft, kann der Besteller, wenn die Voraussetzungen der folgenden Vorschriften vorliegen und soweit nicht ein anderes bestimmt ist,

1. nach § 635 Nacherfüllung verlangen,

2. nach § 637 den Mangel selbst beseitigen und Ersatz der erforderlichen Aufwendungen verlangen,

3. nach den §§ 636, 323 und 326 Abs. 5 von dem Vertrag zurücktreten oder nach § 638 die Vergütung mindern und

4. nach den §§ 636, 280, 281, 283 und 311a Schadensersatz oder nach § 284 Ersatz vergeblicher Aufwendungen verlangen.

§ 634a Verjährung der Mängelansprüche

(1) Die in § 634 Nr. 1, 2 und 4 bezeichneten Ansprüche verjähren

1. vorbehaltlich der Nummer 2 in zwei Jahren bei einem Werk, dessen Erfolg in der Herstellung, Wartung oder Veränderung einer Sache oder in der Erbringung von Planungs- oder Überwachungsleistungen hierfür besteht,

2. in fünf Jahren bei einem Bauwerk und einem Werk, dessen Erfolg in der Erbringung von Planungs- oder Überwachungsleistungen hierfür besteht, und

3. im Übrigen in der regelmäßigen Verjährungsfrist.

(2) Die Verjährung beginnt in den Fällen des Absatzes 1 Nr. 1 und 2 mit der Abnahme.

(3) Abweichend von Absatz 1 Nr. 1 und 2 und Absatz 2 verjähren die Ansprüche in der regelmäßigen Verjährungsfrist, wenn der Unternehmer den Mangel arglistig verschwiegen hat. Im Fall des Absatzes 1 Nr. 2 tritt die Verjährung jedoch nicht vor Ablauf der dort bestimmten Frist ein.

(4) Für das in § 634 bezeichnete Rücktrittsrecht gilt § 218. Der Besteller kann trotz einer Unwirksamkeit des Rücktritts nach § 218 Abs. 1 die Zahlung der Vergütung insoweit verweigern, als er auf Grund des Rücktritts dazu berechtigt sein würde. Macht er von diesem Recht Gebrauch, kann der Unternehmer vom Vertrag zurücktreten.

(5) Auf das in § 634 bezeichnete Minderungsrecht finden § 218 und Absatz 4 Satz 2 entsprechende Anwendung.

§ 635 Nacherfüllung

(1) Verlangt der Besteller Nacherfüllung, so kann der Unternehmer nach seiner Wahl den Mangel beseitigen oder ein neues Werk herstellen.

(2) Der Unternehmer hat die zum Zwecke der Nacherfüllung erforderlichen Aufwendungen, insbesondere Transport-, Wege-, Arbeits- und Materialkosten zu tragen.

(3) Der Unternehmer kann die Nacherfüllung unbeschadet des § 275 Abs. 2 und 3 verweigern, wenn sie nur mit unverhältnismäßigen Kosten möglich ist.

(4) Stellt der Unternehmer ein neues Werk her, so kann er vom Besteller Rückgewähr des mangelhaften Werks nach Maßgabe der §§ 346 bis 348 verlangen.

§ 636   Besondere Bestimmungen für Rücktritt und Schadensersatz

Außer in den Fällen des § 281 Abs. 2 und des § 323 Abs. 2 bedarf es der Fristsetzung auch dann nicht, wenn der Unternehmer die Nacherfüllung gemäß § 635 Abs. 3 verweigert oder wenn die Nacherfüllung fehlgeschlagen oder dem Besteller unzumutbar ist.

§ 637   Selbstvornahme

(1) Der Besteller kann wegen eines Mangels des Werkes nach erfolglosem Ablauf einer von ihm zur Nacherfüllung bestimmten angemessenen Frist den Mangel selbst beseitigen und Ersatz der erforderlichen Aufwendungen verlangen, wenn nicht der Unternehmer die Nacherfüllung zu Recht verweigert.

(2) § 323 Abs. 2 findet entsprechende Anwendung. Der Bestimmung einer Frist bedarf es auch dann nicht, wenn die Nacherfüllung fehlgeschlagen oder dem Besteller unzumutbar ist.

(3) Der Besteller kann von dem Unternehmer für die zur Beseitigung des Mangels erforderlichen Aufwendungen Vorschuss verlangen.

§ 638   Minderung

(1) Statt zurückzutreten, kann der Besteller die Vergütung durch Erklärung gegenüber dem Unternehmer mindern. Der Ausschlussgrund des § 323 Abs. 5 Satz 2 findet keine Anwendung.

(2) Sind auf der Seite des Bestellers oder auf der Seite des Unternehmers mehrere beteiligt, so kann die Minderung nur von allen oder gegen alle erklärt werden.

(3) Bei der Minderung ist die Vergütung in dem Verhältnis herabzusetzen, in welchem zur Zeit des Vertragsschlusses der Wert des Werkes in mangelfreiem Zustand zu dem wirklichen Wert gestanden haben würde. Die Minderung ist, soweit erforderlich, durch Schätzung zu ermitteln.

(4) Hat der Besteller mehr als die geminderte Vergütung gezahlt, so ist der Mehrbetrag vom Unternehmer zu erstatten. § 346 Abs. 1 und § 347 Abs. 1 finden entsprechende Anwendung.

§ 639 Haftungsausschluss

Auf eine Vereinbarung, durch welche die Rechte des Bestellers wegen eines Mangels ausgeschlossen oder beschränkt werden, kann sich der Unternehmer nicht berufen, wenn er den Mangel arglistig verschwiegen oder eine Garantie für die Beschaffenheit des Werkes übernommen hat.

§ 640 Abnahme

(1) Der Besteller ist verpflichtet, das vertragsmäßig hergestellte Werk abzunehmen, sofern nicht nach der Beschaffenheit des Werkes die Abnahme ausgeschlossen ist. Wegen unwesentlicher Mängel kann die Abnahme nicht verweigert werden. Der Abnahme steht es gleich, wenn der Besteller das Werk nicht innerhalb einer ihm vom Unternehmer bestimmten angemessenen Frist abnimmt, obwohl er dazu verpflichtet ist.

(2) Nimmt der Besteller ein mangelhaftes Werk gemäß Absatz 1 Satz 1 ab, obschon er den Mangel kennt, so stehen ihm die in § 634 Nr. 1 bis 3 bezeichneten Rechte nur zu, wenn er sich seine Rechte wegen des Mangels bei der Abnahme vorbehält.

§ 641 Fälligkeit der Vergütung

(1) Die Vergütung ist bei der Abnahme des Werkes zu entrichten. Ist das Werk in Teilen abzunehmen und die Vergütung für die einzelnen Teile bestimmt, so ist die Vergütung für jeden Teil bei dessen Abnahme zu entrichten.

(2) Die Vergütung des Unternehmers für ein Werk, dessen Herstellung der Besteller einem Dritten versprochen hat, wird spätestens fällig, wenn und soweit der Besteller von dem Dritten für das versprochene Werk wegen dessen Herstellung seine Vergütung oder Teile davon erhalten hat. Hat der Besteller dem Dritten wegen möglicher Mängel des Werkes Sicherheit geleistet, gilt dies nur, wenn der Unternehmer dem Besteller Sicherheit in entsprechender Höhe leistet.

(3) Kann der Besteller die Beseitigung eines Mangels verlangen, so kann er nach der Abnahme die Zahlung eines angemessenen Teils der Vergütung verweigern, mindestens in Höhe des Dreifachen der für die Beseitigung des Mangels erforderlichen Kosten.

(4) Eine in Geld festgesetzte Vergütung hat der Besteller von der Abnahme des Werkes an zu verzinsen, sofern nicht die Vergütung gestundet ist.

§ 641a Fertigstellungsbescheinigung

(1) Der Abnahme steht es gleich, wenn dem Unternehmer von einem Gutachter eine Bescheinigung darüber erteilt wird, dass

1. das versprochene Werk, im Falle des § 641 Abs. 1 Satz 2 auch ein Teil desselben, hergestellt ist und

2. das Werk frei von Mängeln ist, die der Besteller gegenüber dem Gutachter behauptet hat oder die für den Gutachter bei einer Besichtigung feststellbar sind (Fertigstellungsbescheinigung).

Das gilt nicht, wenn das Verfahren nach den Absätzen 2 bis 4 nicht eingehalten worden ist oder wenn die Voraussetzungen des § 640 Abs. 1 Satz 1 und 2 nicht gegeben waren; im Streitfall hat dies der Besteller zu beweisen. § 640 Abs. 2 ist nicht anzuwenden. Es wird vermutet, dass ein Aufmaß oder eine Stundenlohnabrechnung, die der Unternehmer seiner Rechnung zugrunde legt, zutreffen, wenn der Gutachter dies in der Fertigstellungsbescheinigung bestätigt.

(2) Gutachter kann sein

1. ein Sachverständiger, auf den sich Unternehmer und Besteller verständigt haben, oder

2. ein auf Antrag des Unternehmers durch eine Industrie- und Handelskammer, eine Handwerkskammer, eine Architektenkammer oder eine Ingenieurkammer bestimmter öffentlich bestellter und vereidigter Sachverständiger.

Der Gutachter wird vom Unternehmer beauftragt. Er ist diesem und dem Besteller des zu begutachtenden Werkes gegenüber verpflichtet die Bescheinigung unparteiisch und nach bestem Wissen und Gewissen zu erteilen.

(3) Der Gutachter muss mindestens einen Besichtigungstermin abhalten; eine Einladung hierzu unter Angabe des Anlasses muss dem Besteller mindestens zwei Wochen vorher zugehen. Ob das Werk frei von Mängeln ist, beurteilt der Gutachter nach einem schriftlichen Vertrag, den ihm der Unternehmer vorzulegen hat. Änderungen dieses Vertrags sind dabei nur zu berücksichtigen, wenn sie schriftlich vereinbart sind oder von den Vertragsteilen übereinstimmend gegenüber dem Gutachter vorgebracht werden. Wenn der Vertrag entsprechende Angaben nicht enthält, sind die allgemein anerkannten Regeln der Technik zugrunde zu legen. Vom Besteller geltend gemachte Mängel bleiben bei der Erteilung der Bescheinigung unberücksichtigt, wenn sie nach Abschluss der Besichtigung vorgebracht werden.

(4) Der Besteller ist verpflichtet, eine Untersuchung des Werkes oder von Teilen desselben durch den Gutachter zu gestatten. Verweigert er die Untersuchung, wird vermutet, dass das zu untersuchende Werk ver-

tragsgemäß hergestellt worden ist; die Bescheinigung nach Absatz 1 ist zu erteilen.

(5) Dem Besteller ist vom Gutachter eine Abschrift der Bescheinigung zu erteilen. In Ansehung von Fristen, Zinsen und Gefahrübergang treten die Wirkungen der Bescheinigung erst mit ihrem Zugang beim Besteller ein.

§ 642   Mitwirkung des Bestellers

(1) Ist bei der Herstellung des Werkes eine Handlung des Bestellers erforderlich, so kann der Unternehmer, wenn der Besteller durch das Unterlassen der Handlung in Verzug der Annahme kommt, eine angemessene Entschädigung verlangen.

(2) Die Höhe der Entschädigung bestimmt sich einerseits nach der Dauer des Verzugs und der Höhe der vereinbarten Vergütung, andererseits nach demjenigen, was der Unternehmer infolge des Verzugs an Aufwendungen erspart oder durch anderweitige Verwendung seiner Arbeitskraft erwerben kann.

§ 643   Kündigung bei unterlassener Mitwirkung

Der Unternehmer ist im Falle des § 642 berechtigt, dem Besteller zur Nachholung der Handlung eine angemessene Frist mit der Erklärung zu bestimmen, dass er den Vertrag kündige, wenn die Handlung nicht bis zum Ablauf der Frist vorgenommen werde. Der Vertrag gilt als aufgehoben, wenn nicht die Nachholung bis zum Ablauf der Frist erfolgt.

§ 644   Gefahrtragung

(1) Der Unternehmer trägt die Gefahr bis zur Abnahme des Werkes. Kommt der Besteller in Verzug der Annahme, so geht die Gefahr auf ihn über. Für den zufälligen Untergang und eine zufällige Verschlechterung des von dem Besteller gelieferten Stoffes ist der Unternehmer nicht verantwortlich.

(2) Versendet der Unternehmer das Werk auf Verlangen des Bestellers nach einem anderen Ort als dem Erfüllungsort, so finden die für den Kauf geltenden Vorschriften des § 447 entsprechende Anwendung.

§ 645   Verantwortlichkeit des Bestellers

(1) Ist das Werk vor der Abnahme infolge eines Mangels des von dem Besteller gelieferten Stoffes oder infolge einer von dem Besteller für die Ausführung erteilten Anweisung untergegangen, verschlechtert oder unausführbar geworden, ohne dass ein Umstand mitgewirkt hat, den der Unternehmer zu vertreten hat, so kann der Unternehmer einen der

geleisteten Arbeit entsprechenden Teil der Vergütung und Ersatz der in der Vergütung nicht inbegriffenen Auslagen verlangen. Das Gleiche gilt, wenn der Vertrag in Gemäßheit des § 643 aufgehoben wird.

(2) Eine weitergehende Haftung des Bestellers wegen Verschuldens bleibt unberührt.

§ 646   Vollendung statt Abnahme

Ist nach der Beschaffenheit des Werkes die Abnahme ausgeschlossen, so tritt in den Fällen des § 634a Abs. 2 und der §§ 641, 644 und 645 an die Stelle der Abnahme die Vollendung des Werkes.

§ 647   Unternehmerpfandrecht

Der Unternehmer hat für seine Forderungen aus dem Vertrag ein Pfandrecht an den von ihm hergestellten oder ausgebesserten beweglichen Sachen des Bestellers, wenn sie bei der Herstellung oder zum Zwecke der Ausbesserung in seinen Besitz gelangt sind.

§ 648   Sicherungshypothek des Bauunternehmers

(1) Der Unternehmer eines Bauwerks oder eines einzelnen Teiles eines Bauwerks kann für seine Forderungen aus dem Vertrag die Einräumung einer Sicherungshypothek an dem Baugrundstück des Bestellers verlangen. Ist das Werk noch nicht vollendet, so kann er die Einräumung der Sicherungshypothek für einen der geleisteten Arbeit entsprechenden Teil der Vergütung und für die in der Vergütung nicht inbegriffenen Auslagen verlangen.

(2) Der Inhaber einer Schiffswerft kann für seine Forderungen aus dem Bau oder der Ausbesserung eines Schiffes die Einräumung einer Schiffshypothek an dem Schiffsbauwerk oder dem Schiff des Bestellers verlangen; Absatz 1 Satz 2 gilt sinngemäß. § 647 findet keine Anwendung.

§ 648a   Bauhandwerkersicherung

(1) Der Unternehmer eines Bauwerks, einer Außenanlage oder eines Teils davon kann vom Besteller Sicherheit für die von ihm zu erbringenden Vorleistungen einschließlich dazugehöriger Nebenforderungen in der Weise verlangen, dass er dem Besteller zur Leistung der Sicherheit eine angemessene Frist mit der Erklärung bestimmt, dass er nach dem Ablauf der Frist seine Leistung verweigere. Sicherheit kann bis zur Höhe des voraussichtlichen Vergütungsanspruchs, wie er sich aus dem Vertrag oder einem nachträglichen Zusatzauftrag ergibt, sowie wegen Nebenforderungen verlangt werden; die Nebenforderungen sind mit 10 vom Hundert

des zu sichernden Vergütungsanspruchs anzusetzen. Sie ist auch dann als ausreichend anzusehen, wenn sich der Sicherungsgeber das Recht vorbehält, sein Versprechen im Falle einer wesentlichen Verschlechterung der Vermögensverhältnisse des Bestellers mit Wirkung für Vergütungsansprüche aus Bauleistungen zu widerrufen, die der Unternehmer bei Zugang der Widerrufserklärung noch nicht erbracht hat.

(2) Die Sicherheit kann auch durch eine Garantie oder ein sonstiges Zahlungsversprechen eines im Geltungsbereich dieses Gesetzes zum Geschäftsbetrieb befugten Kreditinstituts oder Kreditversicherers geleistet werden. Das Kreditinstitut oder der Kreditversicherer darf Zahlungen an den Unternehmer nur leisten, soweit der Besteller den Vergütungsanspruch des Unternehmers anerkennt oder durch vorläufig vollstreckbares Urteil zur Zahlung der Vergütung verurteilt worden ist und die Voraussetzungen vorliegen, unter denen die Zwangsvollstreckung begonnen werden darf.

(3) Der Unternehmer hat dem Besteller die üblichen Kosten der Sicherheitsleistung bis zu einem Höchstsatz von 2 vom Hundert für das Jahr zu erstatten. Dies gilt nicht, soweit eine Sicherheit wegen Einwendungen des Bestellers gegen den Vergütungsanspruch des Unternehmers aufrechterhalten werden muss und die Einwendungen sich als unbegründet erweisen.

(4) Soweit der Unternehmer für seinen Vergütungsanspruch eine Sicherheit nach den Absätzen 1 oder 2 erlangt hat, ist der Anspruch auf Einräumung einer Sicherungshypothek nach § 648 Abs. 1 ausgeschlossen.

(5) Leistet der Besteller die Sicherheit nicht fristgemäß, so bestimmen sich die Rechte des Unternehmers nach den §§ 643 und 645 Abs. 1. Gilt der Vertrag danach als aufgehoben, kann der Unternehmer auch Ersatz des Schadens verlangen, den er dadurch erleidet, dass er auf die Gültigkeit des Vertrags vertraut hat. Dasselbe gilt, wenn der Besteller in zeitlichem Zusammenhang mit dem Sicherheitsverlangen gemäß Absatz 1 kündigt, es sei denn, die Kündigung ist nicht erfolgt, um der Stellung der Sicherheit zu entgehen. Es wird vermutet, dass der Schaden 5 Prozent der Vergütung beträgt.

(6) Die Vorschriften der Absätze 1 bis 5 finden keine Anwendung, wenn der Besteller

1. eine juristische Person des öffentlichen Rechts oder ein öffentlich-rechtliches Sondervermögen ist oder

2. eine natürliche Person ist und die Bauarbeiten zur Herstellung oder Instandsetzung eines Einfamilienhauses mit oder ohne Einliegerwohnung ausführen lässt; dies gilt nicht bei Betreuung des Bauvorhabens

durch einen zur Verfügung über die Finanzierungsmittel des Bestellers ermächtigten Baubetreuer.

(7) Eine von den Vorschriften der Absätze 1 bis 5 abweichende Vereinbarung ist unwirksam.

§ 649 Kündigungsrecht des Bestellers

Der Besteller kann bis zur Vollendung des Werkes jederzeit den Vertrag kündigen. Kündigt der Besteller, so ist der Unternehmer berechtigt, die vereinbarte Vergütung zu verlangen; er muss sich jedoch dasjenige anrechnen lassen, was er infolge der Aufhebung des Vertrags an Aufwendungen erspart oder durch anderweitige Verwendung seiner Arbeitskraft erwirbt oder zu erwerben böswillig unterlässt.

§ 650 Kostenanschlag

(1) Ist dem Vertrag ein Kostenanschlag zugrunde gelegt worden, ohne dass der Unternehmer die Gewähr für die Richtigkeit des Anschlags übernommen hat, und ergibt sich, dass das Werk nicht ohne eine wesentliche Überschreitung des Anschlags ausführbar ist, so steht dem Unternehmer, wenn der Besteller den Vertrag aus diesem Grund kündigt, nur der im § 645 Abs. 1 bestimmte Anspruch zu.

(2) Ist eine solche Überschreitung des Anschlags zu erwarten, so hat der Unternehmer dem Besteller unverzüglich Anzeige zu machen.

§ 651 Anwendung des Kaufrechts *)

Auf einen Vertrag, der die Lieferung herzustellender oder zu erzeugender beweglicher Sachen zum Gegenstand hat, finden die Vorschriften über den Kauf Anwendung. § 442 Abs. 1 Satz 1 findet bei diesen Verträgen auch Anwendung, wenn der Mangel auf den vom Besteller gelieferten Stoff zurückzuführen ist. Soweit es sich bei den herzustellenden oder zu erzeugenden beweglichen Sachen um nicht vertretbare Sachen handelt, sind auch die §§ 642, 643, 645, 649 und 650 mit der Maßgabe anzuwenden, dass an die Stelle der Abnahme der nach den §§ 446 und 447 maßgebliche Zeitpunkt tritt.

*) Amtlicher Hinweis: Diese Vorschrift dient der Umsetzung der Richtlinie 1999/44/EG des Europäischen Parlaments und des Rates vom 25. Mai 1999 zu bestimmten Aspekten des Verbrauchsgüterkaufs und der Garantien für Verbrauchsgüter (ABl. EG Nr. L 171 S. 12).

7.2 Die VOB/B

Einführung

Die *Vergabe- und Vertragsordnung für Bauleistungen (VOB)* hieß bis 2002 „Verdingungsordnung für Bauleistungen". Sie ist kein Gesetz, sondern stellt „Allgemeine Geschäftsbedingungen" dar. Die Vergabevorschriften der VOB/A sind zwar verwaltungsinterne Vorschriften für den öffentlichen Auftraggeber, bieten jedoch über § 97ff. GWB und die Vergabeordnung Rechtsschutz für den Bieter. Die VOB/B befasst sich mit den kommerziellen Vertragsbedingungen und ist grundsätzlich *nicht* den Regelungen zur Überprüfung von AGB unterworfen. Die VOB/C umfasst allgemeine technische und DIN-Normen.

Für das Claim Management ist § 2 mit der Beschreibung der Ansprüche auf zusätzliche Vergütung beim Einheitspreisvertrag (Leistung wird in technische Einzelleistungen aufgespalten) und beim Pauschalvertrag (Vergütung für die vereinbarte Leistung steht von Anfang an fest) von Bedeutung. Bei einer Änderung des Leistungsinhaltes (Anordnung eines Wegfalls einer Teilleistung oder einer geänderten Leistung oder einer zusätzlichen Leistung) lassen sich Vergütungsansprüche, Mehrkostenansprüche (§ 2 Nr. 5 und Nr. 6) oder Teilkündigung (§ 8 Nr. 1) ableiten.

Sowohl bei Anordnungen für geänderte als auch für zusätzliche Leistungen sind Preisvereinbarungen, ggfs. Behinderungsanzeigen und bei Anordnung einer zusätzliche Leistung das Anmelden von Mehrkostenansprüchen erforderlich.

§ 4 wird oft für den Auftraggeber als „der Gute" und für den Auftragnehmer als „der Schlechte" bezeichnet. Bei § 6 ist es umgekehrt. § 4 befasst sich mit den Rechten und den Pflichten bei der Ausführung.

§ 5 behandelt die Ausführungsfristen, Voraussetzungen für einen Verzug des Auftragnehmers bei Fälligkeit der Leistung bei Ablauf einer Kalenderfrist oder Ablauf der Mahnfrist bei Nichtleistung und nachweisbarem Verschulden. Die Verschuldensvermutung regelt sich nach dem BGB. Meist liegt im Bau Verschulden des Auftragnehmers durch Behinderung anderer Auftragnehmer oder auch des Kunden vor. Rechtsfolgen sind wieder Schadensersatz, Kündigung, Vertragsstrafe oder Klage auf Erfüllung der geschuldeten Leistung.

Dass kein Verzug bei Behinderung trotz zeitlicher Verzögerung oder Ablauf einer Kalenderfrist abgeleitet werden kann, beschreibt § 6. Hierzu gehört auch Höhere Gewalt. Behinderungen müssen unverzüglich schriftlich angezeigt werden. Das kann mittels Formular oder formlos erfolgen. Aus einer Behinderung durch den Auftraggeber kann der Auftragnehmer Fristverlängerungen, Schadensersatz oder bei einer Unterbrechung von mehr als drei Monaten ein Recht auf Kündigung ableiten.

§ 7 behandelt Gefahrtragung bei Beschädigung oder Zerstörung vor Abnahme, durch Höhere Gewalt oder andere objektiv unabwendbare Ereignisse, welche vom Auftragnehmer nicht zu vertreten sind. Hier zeigt sich auch ein Unterschied der VOB/B zum BGB: Im Sinne BGB trägt der Auftragnehmer das Risiko eines zufälligen Untergangs der Leistung bis zur Abnahme, bei Vereinbarung der VOB im Vertrag der Auftraggeber.

Die §§ 8 und 9 behandeln Kündigung und Rücktritt sowie deren Rechtsfolgen für Auftragnehmer und Auftraggeber, § 10 Haftung der Vertragspartner untereinander sowie Haftung für Schädigung eines Dritten (Außen- und Innenverhältnis) und § 11 Vertragsstrafen (Verschuldensprinzip, Höchstbegrenzung, Ausschluss weiterer Ansprüche und Bemessungsgrundlage).

Im § 12 ist die Abnahme mit ihren Wirkungen für den Auftraggeber und den Auftragnehmer geregelt. Voraussetzung für eine Abnahme ist eine fertiggestellte Leistung (Quantität) ohne wesentliche Mängel (Qualität). Abnahmen erfolgen förmlich, formlos, stillschweigend oder fiktiv. Es kommt zur fristgerechten oder nicht fristgerechten Abnahme bzw. zur unberechtigten oder berechtigten Weigerung. Nur die letztere verhindert eine Abnahme.

Die Mängelhaftung vor Abnahme wird in § 4 Nr. 7 und nach Abnahme in § 13 Nr. 1 behandelt. Zu den Pflichten des Auftragnehmers gehört die Mängelbeseitigung, bei Verweigerung kann es zu Minderungen durch den Auftraggeber kommen. Bei der dem BGB angepassten VOB/B ist die Haftung unbegrenzt. In Verträgen, bei der die VOB/B Vertragsbestandteil wird, können die Vertragsparteien vereinbaren, die Haftung für Schadensersatz (z. B. aus Verzug) zu begrenzen.

§ 14 behandelt die Abrechnung des Vertrages, welche in Form von prüffähigen Rechnungen und bei Fälligkeit zu erfolgen hat, Zahlungen regelt § 16. Im § 17 sind Sicherheiten und im § 18 Streitigkeiten geregelt.

VOB/B; Allgemeine Vertragsbedingungen

§ 1 Art und Umfang der Leistung

1. Die auszuführende Leistung wird nach Art und Umfang durch den Vertrag bestimmt. Als Bestandteil des Vertrags gelten auch die Allgemeinen Technischen Vertragsbedingungen für Bauleistungen.

2. Bei Widersprüchen im Vertrag gelten nacheinander:

a) die Leistungsbeschreibung,

b) die Besonderen Vertragsbedingungen,

c) etwaige zusätzliche Vertragsbedingungen,

d) etwaige zusätzliche Technische Vertragsbedingungen,

e) die Allgemeinen Technischen Vertragsbedingungen für Bauleistungen,

f) die Allgemeinen Vertragsbedingungen für die Ausführung von Bauleistungen.

3. Änderungen des Bauentwurfs anzuordnen, bleibt dem Auftraggeber vorbehalten.

4. Nicht vereinbarte Leistungen, die zur Ausführung der vertraglichen Leistung erforderlich werden, hat der Auftragnehmer auf Verlangen des Auftraggebers mit auszuführen, außer wenn sein Betrieb auf derartige Leistungen nicht eingerichtet ist. Andere Leistungen können dem Auftragnehmer nur mit seiner Zustimmung übertragen werden.

§ 2 Vergütung

1. Durch die vereinbarten Preise werden alle Leistungen abgegolten, die nach der Leistungsbeschreibung, den Besonderen Vertragsbedingungen, den Zusätzlichen Vertragsbedingungen, den Zusätzlichen Technischen Vertragsbedingungen, den Allgemeinen Technischen Vertragsbedingungen für Bauleistungen und der gewerblichen Verkehrssitte zur vertraglichen Leistung gehören.

2. Die Vergütung wird nach den vertraglichen Einheitspreisen und den tatsächlich ausgeführten Leistungen berechnet, wenn keine andere Berechnungsart (z. B. durch Pauschalsumme, nach Stundenlohnsätzen, nach Selbstkosten) vereinbart ist.

3. (1) Weicht die ausgeführte Menge der unter einem Einheitspreis erfassten Leistung oder Teilleistung um nicht mehr als 10 v. H. von dem im Vertrag vorgesehenen Umfang ab, so gilt der vertragliche Einheitspreis.

(2) Für die über 10 v. H. hinausgehende Überschreitung des Mengenansatzes ist auf Verlangen ein neuer Preis unter Berücksichtigung der Mehr- oder Minderkosten zu vereinbaren.

(3) Bei einer über 10 v. H. hinausgehenden Unterschreitung des Mengenansatzes ist auf Verlangen der Einheitspreis für die tatsächlich ausgeführte Menge der Leistung oder Teilleistung zu erhöhen, soweit der Auftragnehmer nicht durch Erhöhung der Mengen bei anderen Ordnungszahlen (Positionen) oder in anderer Weise einen Ausgleich erhält. Die Erhöhung des

Einheitspreises soll im Wesentlichen dem Mehrbetrag entsprechen, der sich durch Verteilung der Baustelleneinrichtungs- und Baustellengemeinkosten und der Allgemeinen Geschäftskosten auf die verringerte Menge ergibt. Die Umsatzsteuer wird entsprechend dem neuen Preis vergütet.

(4) Sind von der unter einem Einheitspreis erfassten Leistung oder Teilleistung andere Leistungen abhängig, für die eine Pauschalsumme vereinbart ist, so kann mit der Änderung des Einheitspreises auch eine angemessene Änderung der Pauschalsumme gefordert werden.

4. Werden im Vertrag ausbedungene Leistungen des Auftragnehmers vom Auftraggeber selbst übernommen (z. B. Lieferung von Bau-, Bauhilfs- und Betriebsstoffen), so gilt wenn nichts anderes vereinbart wird, § 8 Nr. 1 Abs. 2 entsprechend.

5. Werden durch Änderung des Bauentwurfs oder andere Anordnungen des Auftraggebers die Grundlagen des Preises für eine im Vertrag vorgesehene Leistung geändert, so ist ein neuer Preis unter Berücksichtigung der Mehr- oder Minderkosten zu vereinbaren. Die Vereinbarung soll vor der Ausführung getroffen werden.

6. (1) Wird eine im Vertrag nicht vorgesehene Leistung gefordert, so hat der Auftragnehmer Anspruch auf besondere Vergütung. Er muss jedoch den Anspruch dem Auftraggeber ankündigen, bevor er mit der Ausführung der Leistung beginnt.

(2) Die Vergütung bestimmt sich nach den Grundlagen der Preisermittlung für die vertragliche Leistung und den besonderen Kosten der geforderten Leistung. Sie ist möglichst vor Beginn der Ausführung zu vereinbaren.

7. (1) Ist als Vergütung der Leistung eine Pauschalsumme vereinbart, so bleibt die Vergütung unverändert. Weicht jedoch die ausgeführte Leistung von der vertraglich vorgesehenen Leistung so erheblich ab, dass ein Festhalten an der Pauschalsumme nicht zumutbar ist (§ 242 BGB), so ist auf Verlangen ein Ausgleich unter Berücksichtigung der Mehr- oder Minderkosten zu gewähren.

Für die Bemessung des Ausgleichs ist von den Grundlagen der Preisermittlung auszugehen.

Die Nummern 4, 5 und 6 bleiben unberührt.

(2) Wenn nichts anderes vereinbart ist, gilt Absatz 1 auch für Pauschalsummen, die für Teile der Leistung vereinbart sind.

Nummer 3 Abs. 4 bleibt unberührt.

8. (1) Leistungen, die der Auftragnehmer ohne Auftrag oder unter eigenmächtiger Abweichung vom Auftrag ausführt, werden nicht vergütet.

Der Auftragnehmer hat sie auf Verlangen innerhalb einer angemessenen Frist zu beseitigen; sonst kann es auf seine Kosten geschehen. Er haftet außerdem für andere Schäden, die dem Auftraggeber hieraus entstehen.

(2) Eine Vergütung steht dem Auftragnehmer jedoch zu, wenn der Auftraggeber solche Leistungen nachträglich anerkennt. Eine Vergütung steht ihm auch zu, wenn die Leistungen für die Erfüllung des Vertrags notwendig waren, dem mutmaßlichen Willen des Auftraggebers entsprachen und ihm unverzüglich angezeigt wurden. Soweit dem Auftragnehmer eine Vergütung zusteht, gelten die Berechnungsgrundlagen für geänderte oder zusätzliche Leistungen der Nummer 5 oder 6 entsprechend.

(3) Die Vorschriften des BGB über die Geschäftsführung ohne Auftrag (§§ 677ff. BGB) bleiben unberührt.

9. (1) Verlangt der Auftraggeber Zeichnungen, Berechnungen oder andere Unterlagen, die der Auftragnehmer nach dem Vertrag, besonders den Technischen Vertragsbedingungen oder der gewerblichen Verkehrssitte, nicht zu beschaffen hat, so hat er sie zu vergüten.

(2) Lässt er vom Auftragnehmer nicht aufgestellte technische Berechnungen durch den Auftragnehmer nachprüfen, so hat er die Kosten zu tragen.

10. Stundenlohnarbeiten werden nur vergütet, wenn sie als solche vor ihrem Beginn ausdrücklich vereinbart worden sind (§ 15).

§ 3 Ausführungsunterlagen

1. Die für die Ausführung nötigen Unterlagen sind dem Auftragnehmer unentgeltlich und rechtzeitig zu übergeben.

2. Das Abstecken der Hauptachsen der baulichen Anlagen, ebenso der Grenzen des Geländes, das dem Auftragnehmer zur Verfügung gestellt wird, und das Schaffen der notwendigen Höhenfestpunkte in unmittelbarer Nähe der baulichen Anlagen sind Sache des Auftraggebers.

3. Die vom Auftraggeber zur Verfügung gestellten Geländeaufnahmen und Absteckungen und die übrigen für die Ausführung übergebenen Unterlagen sind für den Auftragnehmer maßgebend. Jedoch hat er sie, soweit es zur ordnungsgemäßen Vertragserfüllung gehört, auf etwaige Unstimmigkeiten zu überprüfen und den Auftraggeber auf entdeckte oder vermutete Mängel hinzuweisen.

4. Vor Beginn der Arbeiten ist, soweit notwendig, der Zustand der Straßen und Geländeoberfläche, der Vorfluter und Vorflutleitungen, ferner der baulichen Anlagen im Baubereich in einer Niederschrift festzuhalten, die vom Auftraggeber und Auftragnehmer anzuerkennen ist.

5. Zeichnungen, Berechnungen, Nachprüfungen von Berechnungen oder andere Unterlagen, die der Auftragnehmer nach dem Vertrag, besonders den Technischen Vertragsbedingungen, oder der gewerblichen Verkehrssitte oder auf besonderes Verlangen des Auftraggebers (§ 2 Nr. 9) zu beschaffen hat, sind dem Auftraggeber nach Aufforderung rechtzeitig vorzulegen.

6. (1) Die in Nummer 5 genannten Unterlagen dürfen ohne Genehmigung ihres Urhebers nicht veröffentlicht, vervielfältigt, geändert oder für einen anderen als den vereinbarten Zweck benutzt werden.

(2) An DV-Programmen hat der Auftraggeber das Recht zur Nutzung mit den vereinbarten Leistungsmerkmalen in unveränderter Form auf den festgelegten Geräten.

Der Auftraggeber darf zum Zwecke der Datensicherung zwei Kopien herstellen. Diese müssen alle Identifikationsmerkmale enthalten. Der Verbleib der Kopien ist auf Verlangen nachzuweisen.

(3) Der Auftragnehmer bleibt unbeschadet des Nutzungsrechts des Auftraggebers zur Nutzung der Unterlagen und der DV-Programme berechtigt.

§ 4 Ausführung

1. (1) Der Auftraggeber hat für die Aufrechterhaltung der allgemeinen Ordnung auf der Baustelle zu sorgen und das Zusammenwirken der verschiedenen Unternehmer zu regeln. Er hat die erforderlichen öffentlich-rechtlichen Genehmigungen und Erlaubnisse – z. B. nach dem Baurecht, dem Straßenverkehrsrecht, dem Wasserrecht, dem Gewerberecht – herbeizuführen.

(2) Der Auftraggeber hat das Recht, die vertragsgemäße Ausführung der Leistung zu überwachen. Hierzu hat er Zutritt zu den Arbeitsplätzen, Werkstätten und Lagerräumen, wo die vertragliche Leistung oder Teile von ihr hergestellt oder die hierfür bestimmten Stoffe und Bauteile gelagert werden. Auf Verlangen sind ihm die Werkzeichnungen oder andere Ausführungsunterlagen sowie die Ergebnisse von Güteprüfungen zur Einsicht vorzulegen und die erforderlichen Auskünfte zu erteilen, wenn hierdurch keine Geschäftsgeheimnisse preisgegeben werden. Als Geschäftsgeheimnis bezeichnete Auskünfte und Unterlagen hat er vertraulich zu behandeln.

(3) Der Auftraggeber ist befugt, unter Wahrung der dem Auftragnehmer zustehenden Leitung (Nummer 2) Anordnungen zu treffen, die zur ver-

tragsgemäßen Ausführung der Leistung notwendig sind. Die Anordnungen sind grundsätzlich nur dem Auftragnehmer oder seinem für die Leitung der Ausführung bestellten Vertreter zu erteilen, außer wenn Gefahr im Verzug ist. Dem Auftraggeber ist mitzuteilen, wer jeweils als Vertreter des Auftragnehmers für die Leitung der Ausführung bestellt ist.

(4) Hält der Auftragnehmer die Anordnungen des Auftraggebers für unberechtigt oder unzweckmäßig, so hat er seine Bedenken geltend zu machen, die Anordnungen jedoch auf Verlangen auszuführen, wenn nicht gesetzliche oder behördliche Bestimmungen entgegenstehen. Wenn dadurch eine ungerechtfertigte Erschwerung verursacht wird, hat der Auftraggeber die Mehrkosten zu tragen.

2. (1) Der Auftragnehmer hat die Leistung unter eigener Verantwortung nach dem Vertrag auszuführen. Dabei hat er die anerkannten Regeln der Technik und die gesetzlichen und behördlichen Bestimmungen zu beachten. Es ist seine Sache, die Ausführung seiner vertraglichen Leistung zu leiten und für Ordnung auf seiner Arbeitsstelle zu sorgen.

(2) Er ist für die Erfüllung der gesetzlichen, behördlichen und berufsgenossenschaftlichen Verpflichtungen gegenüber seinen Arbeitnehmern allein verantwortlich. Es ist ausschließlich seine Aufgabe, die Vereinbarungen und Maßnahmen zu treffen, die sein Verhältnis zu den Arbeitnehmern regeln.

3. Hat der Auftragnehmer Bedenken gegen die vorgesehene Art der Ausführung (auch wegen der Sicherung gegen Unfallgefahren), gegen die Güte der vom Auftraggeber gelieferten Stoffe oder Bauteile oder gegen die Leistungen anderer Unternehmer, so hat er sie dem Auftraggeber unverzüglich – möglichst schon vor Beginn der Arbeiten – schriftlich mitzuteilen; der Auftraggeber bleibt jedoch für seine Angaben, Anordnungen oder Lieferungen verantwortlich.

4. Der Auftraggeber hat, wenn nichts anderes vereinbart ist, dem Auftragnehmer unentgeltlich zur Benutzung oder Mitbenutzung zu überlassen:

a) die notwendigen Lager- und Arbeitsplätze auf der Baustelle,

b) vorhandene Zufahrtswege und Anschlussgleise,

c) vorhandene Anschlüsse für Wasser und Energie. Die Kosten für den Verbrauch und den Messer oder Zähler trägt der Auftragnehmer, mehrere Auftragnehmer tragen sie anteilig.

5. Der Auftragnehmer hat die von ihm ausgeführten Leistungen und die ihm für die Ausführung übergebenen Gegenstände bis zur Abnahme vor Beschädigung und Diebstahl zu schützen. Auf Verlangen des Auftraggebers hat er sie vor Winterschäden und Grundwasser zu schützen, ferner Schnee und Eis zu beseitigen. Obliegt ihm die Verpflichtung nach Satz 2 nicht schon nach dem Vertrag, so regelt sich die Vergütung nach § 2 Nr. 6.

6. Stoffe oder Bauteile, die dem Vertrag oder den Proben nicht entsprechen, sind auf Anordnung des Auftraggebers innerhalb einer von ihm bestimmten Frist von der Baustelle zu entfernen. Geschieht es nicht, so können sie auf Kosten des Auftragnehmers entfernt oder für seine Rechnung veräußert werden.

7. Leistungen, die schon während der Ausführung als mangelhaft oder vertragswidrig erkannt werden, hat der Auftragnehmer auf eigene Kosten durch mangelfreie zu ersetzen. Hat der Auftragnehmer den Mangel oder die Vertragswidrigkeit zu vertreten, so hat er auch den daraus entstehenden Schaden zu ersetzen. Kommt der Auftragnehmer der Pflicht zur Beseitigung des Mangels nicht nach, so kann ihm der Auftraggeber eine angemessene Frist zur Beseitigung des Mangels setzen und erklären, dass er ihm nach fruchtlosem Ablauf der Frist den Auftrag entziehe (§ 8 Nr. 3).

8. (1) Der Auftragnehmer hat die Leistung im eigenen Betrieb auszuführen. Mit schriftlicher Zustimmung des Auftraggebers darf er sie an Nachunternehmer übertragen. Die Zustimmung ist nicht notwendig bei Leistungen, auf die der Betrieb des Auftragnehmers nicht eingerichtet ist. Erbringt der Auftragnehmer ohne schriftliche Zustimmung des Auftraggebers Leistungen nicht im eigenen Betrieb, obwohl sein Betrieb darauf eingerichtet ist, kann der Auftraggeber ihm eine angemessene Frist zur Aufnahme der Leistung im eigenen Betrieb setzen und erklären, dass er ihm nach fruchtlosem Ablauf der Frist den Auftrag entziehe (§ 8 Nr. 3).

(2) Der Auftragnehmer hat bei der Weitervergabe von Bauleistungen an Nachunternehmer die Verdingungsordnung für Bauleistungen zugrunde zu legen.

(3) Der Auftragnehmer hat die Nachunternehmer dem Auftraggeber auf Verlangen bekannt zu geben.

9. Werden bei Ausführung der Leistung auf einem Grundstück Gegenstände von Altertums-, Kunst- oder wissenschaftlichem Wert entdeckt, so hat der Auftragnehmer vor jedem weiteren Aufdecken oder Ändern dem Auftraggeber den Fund anzuzeigen und ihm die Gegenstände nach näherer Weisung abzuliefern. Die Vergütung etwaiger Mehrkosten regelt sich nach § 2 Nr. 6. Die Rechte des Entdeckers (§ 984 BGB) hat der Auftraggeber.

10. Der Zustand von Teilen der Leistung ist auf Verlangen gemeinsam von Auftraggeber und Auftragnehmer festzustellen, wenn diese Teile der Leistung durch die weitere Ausführung der Prüfung und Feststellung entzogen werden. Das Ergebnis ist schriftlich niederzulegen.

§ 5 Ausführungsfristen

1. Die Ausführung ist nach den verbindlichen Fristen (Vertragsfristen) zu beginnen, angemessen zu fördern und zu vollenden. In einem Bauzeitenplan enthaltene Einzelfristen gelten nur dann als Vertragsfristen, wenn dies im Vertrag ausdrücklich vereinbart ist.

2. Ist für den Beginn der Ausführung keine Frist vereinbart, so hat der Auftraggeber dem Auftragnehmer auf Verlangen Auskunft über den voraussichtlichen Beginn zu erteilen.

Der Auftragnehmer hat innerhalb von 12 Werktagen nach Aufforderung zu beginnen.

Der Beginn der Ausführung ist dem Auftraggeber anzuzeigen.

3. Wenn Arbeitskräfte, Geräte, Gerüste, Stoffe oder Bauteile so unzureichend sind, dass die Ausführungsfristen offenbar nicht eingehalten werden können, muss der Auftragnehmer auf Verlangen unverzüglich Abhilfe schaffen.

4. Verzögert der Auftragnehmer den Beginn der Ausführung, gerät er mit der Vollendung in Verzug oder kommt er der in Nummer 3 erwähnten Verpflichtung nicht nach, so kann der Auftraggeber bei Aufrechterhaltung des Vertrages Schadensersatz nach § 6 Nr. 6 verlangen oder dem Auftragnehmer eine angemessene Frist zur Vertragserfüllung setzen und erklären, dass er ihm nach fruchtlosem Ablauf der Frist den Auftrag entziehe (§ 8 Nr. 3).

§ 6 Behinderung und Unterbrechung der Ausführung

1. Glaubt sich der Auftragnehmer in der ordnungsgemäßen Ausführung der Leistung behindert, so hat er es dem Auftraggeber unverzüglich schriftlich anzuzeigen. Unterlässt er die Anzeige, so hat er nur dann Anspruch auf Berücksichtigung der hindernden Umstände, wenn dem Auftraggeber offenkundig die Tatsache und deren hindernde Wirkung bekannt waren.

2. (1) Ausführungsfristen werden verlängert, soweit die Behinderung verursacht ist:

a) durch einen Umstand aus dem Risikobereich des Auftraggebers,

b) durch Streik oder eine von der Berufsvertretung der Arbeitgeber angeordnete Aussperrung im Betrieb des Auftragnehmers oder in einem unmittelbar für ihn arbeitenden Betrieb,

c) durch höhere Gewalt oder andere für den Auftragnehmer unabwendbare Umstände.

(2) Witterungseinflüsse während der Ausführungszeit, mit denen bei Abgabe des Angebots normalerweise gerechnet werden musste, gelten nicht als Behinderung.

3. Der Auftragnehmer hat alles zu tun, was ihm billigerweise zugemutet werden kann, um die Weiterführung der Arbeiten zu ermöglichen. Sobald die hindernden Umstände wegfallen, hat er ohne weiteres und unverzüglich die Arbeiten wieder aufzunehmen und den Auftraggeber davon zu benachrichtigen.

4. Die Fristverlängerung wird berechnet nach der Dauer der Behinderung mit einem Zuschlag für die Wiederaufnahme der Arbeiten und die etwaige Verschiebung in eine ungünstigere Jahreszeit.

5. Wird die Ausführung für voraussichtlich längere Dauer unterbrochen, ohne dass die Leistung dauernd unmöglich wird, so sind die ausgeführten Leistungen nach den Vertragspreisen abzurechnen und außerdem die Kosten zu vergüten, die dem Auftragnehmer bereits entstanden und in den Vertragspreisen des nicht ausgeführten Teils der Leistung enthalten sind.

6. Sind die hindernden Umstände von einem Vertragsteil zu vertreten, so hat der andere Teil Anspruch auf Ersatz des nachweislich entstandenen Schadens, des entgangenen Gewinns aber nur bei Vorsatz oder grober Fahrlässigkeit.

7. Dauert eine Unterbrechung länger als 3 Monate, so kann jeder Teil nach Ablauf dieser Zeit den Vertrag schriftlich kündigen. Die Abrechnung regelt sich nach den Nummern 5 und 6, wenn der Auftragnehmer die Unterbrechung nicht zu vertreten hat, sind auch die Kosten der Baustellenräumung zu vergüten, soweit sie nicht in der Vergütung für die bereits ausgeführten Leistungen enthalten sind.

§ 7 Verteilung der Gefahr

1. Wird die ganz oder teilweise ausgeführte Leistung vor der Abnahme durch höhere Gewalt, Krieg, Aufruhr oder andere objektiv unabwendbare vom Auftragnehmer nicht zu vertretende Umstände beschädigt oder zerstört, so hat dieser für die ausgeführten Teile der Leistung die Ansprüche nach § 6 Nr. 5; für andere Schäden besteht keine gegenseitige Ersatzpflicht.

2. Zu der ganz oder teilweise ausgeführten Leistung gehören alle mit der baulichen Anlage unmittelbar verbundenen, in ihre Substanz eingegangenen Leistungen, unabhängig von deren Fertigstellungsgrad.

3. Zu der ganz oder teilweise ausgeführten Leistung gehören nicht die noch nicht eingebauten Stoffe und Bauteile sowie die Baustelleneinrichtung und Absteckungen. Zu der ganz oder teilweise ausgeführten Leistung gehören ebenfalls nicht Baubehelfe, z. B. Gerüste, auch wenn diese als Besondere Leistung oder selbständig vergeben sind.

§ 8 Kündigung durch den Auftraggeber

1. (1) Der Auftraggeber kann bis zur Vollendung der Leistung jederzeit den Vertrag kündigen.

(2) Dem Auftragnehmer steht die vereinbarte Vergütung zu. Er muss sich jedoch anrechnen lassen, was er infolge der Aufhebung des Vertrags an Kosten erspart oder durch anderweitige Verwendung seiner Arbeitskraft und seines Betriebs erwirbt oder zu erwerben böswillig unterlässt (§ 649 BGB).

2. (1) Der Auftraggeber kann den Vertrag kündigen, wenn der Auftragnehmer seine Zahlungen einstellt oder das Insolvenzverfahren beziehungsweise ein vergleichbares gesetzliches Verfahren beantragt oder ein solches Verfahren eröffnet wird oder dessen Eröffnung mangels Masse abgelehnt wird.

(2) Die ausgeführten Leistungen sind nach § 6 Nr. 5 abzurechnen. Der Auftraggeber kann Schadensersatz wegen Nichterfüllung des Restes verlangen.

3. (1) Der Auftraggeber kann den Vertrag kündigen, wenn in den Fällen des § 4 Nr. 7 und 8 Abs. 1 und des § 5 Nr. 4 die gesetzte Frist fruchtlos abgelaufen ist (Entziehung des Auftrags).

Die Entziehung des Auftrags kann auf einen in sich abgeschlossenen Teil der vertraglichen Leistung beschränkt werden.

(2) Nach der Entziehung des Auftrags ist der Auftraggeber berechtigt, den noch nicht vollendeten Teil der Leistung zu Lasten des Auftragnehmers durch einen Dritten ausführen zu lassen, doch bleiben seine Ansprüche auf Ersatz des etwa entstehenden weiteren Schadens bestehen.

Er ist auch berechtigt, auf die weitere Ausführung zu verzichten und Schadensersatz wegen Nichterfüllung zu verlangen, wenn die Ausführung aus den Gründen, die zur Entziehung des Auftrags geführt haben, für ihn kein Interesse mehr hat.

(3) Für die Weiterführung der Arbeiten kann der Auftraggeber Geräte, Gerüste, auf der Baustelle vorhandene andere Einrichtungen und angelieferte Stoffe und Bauteile gegen angemessene Vergütung in Anspruch nehmen.

(4) Der Auftraggeber hat dem Auftragnehmer eine Aufstellung über die entstandenen Mehrkosten und über seine anderen Ansprüche spätestens binnen 12 Werktagen nach Abrechnung mit dem Dritten zuzusenden.

4. Der Auftraggeber kann den Auftrag entziehen, wenn der Auftragnehmer aus Anlass der Vergabe eine Abrede getroffen hatte, die eine unzulässige Wettbewerbsbeschränkung darstellt.

Die Kündigung ist innerhalb von 12 Werktagen nach Bekanntwerden des Kündigungsgrundes auszusprechen. Nummer 3 gilt entsprechend.

5. Die Kündigung ist schriftlich zu erklären.

6. Der Auftragnehmer kann Aufmaß und Abnahme der von ihm ausgeführten Leistungen alsbald nach der Kündigung verlangen; er hat unverzüglich eine prüfbare Rechnung über die ausgeführten Leistungen vorzulegen.

7. Eine wegen Verzugs verwirkte, nach Zeit bemessene Vertragsstrafe kann nur für die Zeit bis zum Tag der Kündigung des Vertrags gefordert werden.

§ 9 Kündigung durch den Auftragnehmer

1. Der Auftragnehmer kann den Vertrag kündigen:

a) wenn der Auftraggeber eine ihm obliegende Handlung unterlässt und dadurch den Auftragnehmer außerstande setzt, die Leistung auszuführen (Annahmeverzug nach §§ 293ff. BGB),

b) wenn der Auftraggeber eine fällige Zahlung nicht leistet oder sonst in Schuldnerverzug gerät.

2. Die Kündigung ist schriftlich zu erklären. Sie ist erst zulässig, wenn der Auftragnehmer dem Auftraggeber ohne Erfolg eine angemessene Frist zur Vertragserfüllung gesetzt und erklärt hat, dass er nach fruchtlosem Ablauf der Frist den Vertrag kündigen werde.

3. Die bisherigen Leistungen sind nach den Vertragspreisen abzurechnen. Außerdem hat der Auftragnehmer Anspruch auf angemessene Entschädigung nach § 642 BGB; etwaige weitergehende Ansprüche des Auftragnehmers bleiben unberührt.

§ 10 Haftung der Vertragsparteien

1. Die Vertragsparteien haften einander für eigenes Verschulden sowie für das Verschulden ihrer gesetzlichen Vertreter und der Personen, deren sie sich zur Erfüllung ihrer Verbindlichkeiten bedienen (§§ 276, 278 BGB).

2. (1) Entsteht einem Dritten im Zusammenhang mit der Leistung ein Schaden, für den auf Grund gesetzlicher Haftpflichtbestimmungen beide Vertragsparteien haften, so gelten für den Ausgleich zwischen den Vertragsparteien die allgemeinen gesetzlichen Bestimmungen, soweit im Einzelfall nichts anderes vereinbart ist. Soweit der Schaden des Dritten nur die Folge einer Maßnahme ist, die der Auftraggeber in dieser Form angeordnet hat, trägt er den Schaden allein, wenn ihn der Auftragnehmer auf die mit der angeordneten Ausführung verbundene Gefahr nach § 4 Nr. 3 hingewiesen hat.

(2) Der Auftragnehmer trägt den Schaden allein, soweit er ihn durch Versicherung seiner gesetzlichen Haftpflicht gedeckt hat oder durch eine solche zu tarifmäßigen, nicht auf außergewöhnliche Verhältnisse abgestellten Prämien und Prämienzuschlägen bei einem im Inland zum Geschäftsbetrieb zugelassenen Versicherer hätte decken können.

3. Ist der Auftragnehmer einem Dritten nach den §§ 823ff. BGB zu Schadensersatz verpflichtet wegen unbefugten Betretens oder Beschädigung angrenzender Grundstücke, wegen Entnahme oder Auflagerung von Boden oder anderen Gegenständen außerhalb der vom Auftraggeber dazu angewiesenen Flächen oder wegen der Folgen eigenmächtiger Versperrung von Wegen oder Wasserläufen, so trägt er im Verhältnis zum Auftraggeber den Schaden allein.

4. Für die Verletzung gewerblicher Schutzrechte haftet im Verhältnis der Vertragsparteien zueinander der Auftragnehmer allein, wenn er selbst das geschützte Verfahren oder die Verwendung geschützter Gegenstände angeboten oder wenn der Auftraggeber die Verwendung vorgeschrieben und auf das Schutzrecht hingewiesen hat.

5. Ist eine Vertragspartei gegenüber der anderen nach den Nummern 2, 3 oder 4 von der Ausgleichspflicht befreit, so gilt diese Befreiung auch zugunsten ihrer gesetzlichen Vertreter und Erfüllungsgehilfen, wenn sie nicht vorsätzlich oder grob fahrlässig gehandelt haben.

6. Soweit eine Vertragspartei von dem Dritten für einen Schaden in Anspruch genommen wird, den nach den Nummern 2, 3 oder 4 die andere Vertragspartei zu tragen hat, kann sie verlangen, dass ihre Vertragspartei sie von der Verbindlichkeit gegenüber dem Dritten befreit. Sie darf den Anspruch des Dritten nicht anerkennen oder befriedigen, ohne der anderen Vertragspartei vorher Gelegenheit zur Äußerung gegeben zu haben.

§ 11 Vertragsstrafe

1. Wenn Vertragsstrafen vereinbart sind, gelten die §§ 339 bis 345 BGB.

2. Ist die Vertragsstrafe für den Fall vereinbart, dass der Auftragnehmer nicht in der vorgesehenen Frist erfüllt, so wird sie fällig, wenn der Auftragnehmer in Verzug gerät.

3. Ist die Vertragsstrafe nach Tagen bemessen, so zählen nur Werktage; ist sie nach Wochen bemessen, so wird jeder Werktag angefangener Wochen als 1/6 Woche gerechnet.

4. Hat der Auftraggeber die Leistung abgenommen, so kann er die Strafe nur verlangen, wenn er dies bei der Abnahme vorbehalten hat.

§ 12 Abnahme

1. Verlangt der Auftragnehmer nach der Fertigstellung – gegebenenfalls auch vor Ablauf der vereinbarten Ausführungsfrist – die Abnahme der Leistung, so hat sie der Auftraggeber binnen 12 Werktagen durchzuführen; eine andere Frist kann vereinbart werden.

2. Auf Verlangen sind in sich abgeschlossene Teile der Leistung besonders abzunehmen.

3. Wegen wesentlicher Mängel kann die Abnahme bis zur Beseitigung verweigert werden.

4. (1) Eine förmliche Abnahme hat stattzufinden, wenn eine Vertragspartei es verlangt. Jede Partei kann auf ihre Kosten einen Sachverständigen zuziehen. Der Befund ist in gemeinsamer Verhandlung schriftlich niederzulegen. In die Niederschrift sind etwaige Vorbehalte wegen bekannter Mängel und wegen Vertragsstrafen aufzunehmen, ebenso etwaige Einwendungen des Auftragnehmers. Jede Partei erhält eine Ausfertigung.

(2) Die förmliche Abnahme kann in Abwesenheit des Auftragnehmers stattfinden, wenn der Termin vereinbart war oder der Auftraggeber mit genügender Frist dazu eingeladen hatte. Das Ergebnis der Abnahme ist dem Auftragnehmer alsbald mitzuteilen.

5. (1) Wird keine Abnahme verlangt, so gilt die Leistung als abgenommen mit Ablauf von 12 Werktagen nach schriftlicher Mitteilung über die Fertigstellung der Leistung.

(2) Wird keine Abnahme verlangt und hat der Auftraggeber die Leistung oder einen Teil der Leistung in Benutzung genommen, so gilt die Abnahme nach Ablauf von 6 Werktagen nach Beginn der Benutzung als erfolgt, wenn nichts anderes vereinbart ist. Die Benutzung von Teilen einer baulichen Anlage zur Weiterführung der Arbeiten gilt nicht als Abnahme.

(3) Vorbehalte wegen bekannter Mängel oder wegen Vertragsstrafen hat der Auftraggeber spätestens zu den in den Absätzen 1 und 2 bezeichneten Zeitpunkten geltend zu machen.

6. Mit der Abnahme geht die Gefahr auf den Auftraggeber über, soweit er sie nicht schon nach § 7 trägt.

§ 13 Gewährleistung

1. Der Auftragnehmer hat dem Auftraggeber seine Leistung zum Zeitpunkt der Abnahme frei von Sachmängeln zu verschaffen. Die Leistung ist zur Zeit der Abnahme frei von Sachmängeln, wenn sie die vereinbarte Beschaffenheit hat und den anerkannten Regeln der Technik entspricht. Ist die Beschaffenheit nicht vereinbart, so ist die Leistung zur Zeit der Abnahme frei von Sachmängeln,

a) wenn sie sich für die nach dem Vertrag vorausgesetzte, sonst

b) für die gewöhnliche Verwendung eignet und eine Beschaffenheit aufweist, die bei Werken der gleichen Art üblich ist und die der Besteller nach der Art der Leistung erwarten kann.

2. Bei Leistungen nach Probe gelten die Eigenschaften der Probe als vereinbarte Beschaffenheit, soweit nicht Abweichungen nach der Verkehrssitte als bedeutungslos anzusehen sind. Dies gilt auch für Proben, die erst nach Vertragsabschluss als solche anerkannt sind.

3. Ist ein Mangel zurückzuführen auf die Leistungsbeschreibung oder auf Anordnungen des Auftraggebers, auf die von diesem gelieferten oder vorgeschriebenen Stoffe oder Bauteile oder die Beschaffenheit der Vorleistung eines anderen Unternehmers, so so haftet der Auftragnehmer, es sei denn, er hat die ihm nach § 4 Nr. 3 obliegende Mitteilung gemacht.

4. (1) Ist für die Mängelansprüche keine Verjährungsfrist im Vertrag vereinbart, so beträgt sie für Bauwerke 4 Jahre, für Arbeiten an einem Grundstück und für die vom Feuer berührten Teile von Feuerungsanlagen 2 Jahre. Abweichend von Satz 1 beträgt die Verjährungsfrist für feuerberührte und abgasdämmende Teile von industriellen Feuerungsanlagen 1 Jahr.

(2) Bei maschinellen und elektrotechnischen/elektronischen Anlagen oder Teilen davon, bei denen die Wartung Einfluss auf die Sicherheit und Funktionsfähigkeit hat, beträgt die Verjährungsfrist für die Mängelansprüche abweichend von Absatz 1 2 Jahre, wenn der Auftraggeber sich dafür entschieden hat, dem Auftragnehmer die Wartung für die Dauer der Verjährungsfrist nicht zu übertragen.

(3) Die Frist beginnt mit der Abnahme der gesamten Leistung; nur für in sich abgeschlossene Teile der Leistung beginnt sie mit der Teilabnahme (§ 12 Nr. 2).

5. (1) Der Auftragnehmer ist verpflichtet, alle während der Verjährungsfrist hervortretenden Mängel, die auf vertragswidrige Leistung zurückzuführen sind, auf seine Kosten zu beseitigen, wenn es der Auftraggeber vor Ablauf der Frist schriftlich verlangt. Der Anspruch auf Beseitigung der gerügten Mängel verjährt in 2 Jahren, gerechnet vom Zugang des schriftlichen Verlangens an, jedoch nicht vor Ablauf der Regelfrist nach Nummer 4 oder der an ihrer Stelle vereinbarten Frist. Nach Abnahme der Mängelbeseitigungsleistung beginnt für diese Leistung eine Verjährungsfrist von 2 Jahren neu, die jedoch nicht vor Ablauf der Regelfristen nach Nummer 4 oder der an ihrer Stelle vereinbarten Frist endet.

(2) Kommt der Auftragnehmer der Aufforderung zur Mängelbeseitigung in einer vom Auftraggeber gesetzten angemessenen Frist nicht nach, so kann der Auftraggeber die Mängel auf Kosten des Auftragnehmers beseitigen lassen.

6. Ist die Beseitigung des Mangels für den Auftraggeber unzumutbar oder ist sie unmöglich oder würde sie einen unverhältnismäßig hohen Aufwand erfordern und wird sie deshalb vom Auftragnehmer verweigert, so kann der Auftraggeber durch Erklärung gegenüber dem Auftragnehmer die Vergütung mindern (§ 638 BGB).

7. (1) Der Auftragnehmer haftet bei schuldhaft verursachten Mängeln aus der Verletzung des Lebens, des Körpers oder der Gesundheit.

(2) Bei vorsätzlich oder grob fahrlässig verursachten Mängeln haftet er für alle Schäden.

(3) Im Übrigen ist dem Auftraggeber der Schaden an der baulichen Anlage zu ersetzen, zu deren Herstellung, Instandhaltung oder Änderung die Leistung dient, wenn ein wesentlicher Mangel vorliegt, der die Gebrauchsfähigkeit erheblich beeinträchtigt und auf ein Verschulden des Auftragnehmers zurückzuführen ist. Einen darüber hinaus gehenden Schaden hat der Auftragnehmer nur dann zu ersetzen,

a) wenn der Mangel auf einem Verstoß gegen die anerkannten Regeln der Technik beruht,

b) wenn der Mangel in dem Fehlen einer vertraglich vereinbarten Beschaffenheit besteht oder

c) soweit der Auftragnehmer den Schaden durch Versicherung seiner gesetzlichen Haftpflicht gedeckt hat oder durch eine solche zu tarifmäßigen, nicht auf außergewöhnliche Verhältnisse abgestellten Prämien und Prämienzuschlägen bei einem im Inland zum Geschäftsbetrieb zugelassenen Versicherer hätte decken können.

(4) Abweichend von Nummer 4 gelten die gesetzlichen Verjährungsfristen, soweit sich der Auftragnehmer nach Absatz 3 durch Versicherung geschützt hat oder hätte schützen können oder soweit ein besonderer Versicherungsschutz vereinbart ist.

(5) Eine Einschränkung oder Erweiterung der Haftung kann in begründeten Sonderfällen vereinbart werden.

§ 14   Abrechnung

1. Der Auftragnehmer hat seine Leistungen prüfbar abzurechnen. Er hat die Rechnungen übersichtlich aufzustellen und dabei die Reihenfolge der Posten einzuhalten und die in den Vertragsbestandteilen enthaltenen Bezeichnungen zu verwenden. Die zum Nachweis von Art und Umfang der Leistung erforderlichen Mengenberechnungen, Zeichnungen und andere Belege sind beizufügen. Änderungen und Ergänzungen des Vertrags sind in der Rechnung besonders kenntlich zu machen; sie sind auf Verlangen getrennt abzurechnen.

2. Die für die Abrechnung notwendigen Feststellungen sind dem Fortgang der Leistung entsprechend möglichst gemeinsam vorzunehmen. Die Abrechnungsbestimmungen in den Technischen Vertragsbedingungen und den anderen Vertragsunterlagen sind zu beachten. Für Leistungen, die bei Weiterführung der Arbeiten nur schwer feststellbar sind, hat der Auftragnehmer rechtzeitig gemeinsame Feststellungen zu beantragen.

3. Die Schlussrechnung muss bei Leistungen mit einer vertraglichen Ausführungsfrist von höchstens 3 Monaten spätestens 12 Werktage nach Fertigstellung eingereicht werden, wenn nichts anderes vereinbart ist, diese Frist wird um je 6 Werktage für je weitere 3 Monate Ausführungsfrist verlängert.

4. Reicht der Auftragnehmer eine prüfbare Rechnung nicht ein, obwohl ihm der Auftraggeber dafür eine angemessene Frist gesetzt hat, so kann sie der Auftraggeber selbst auf Kosten des Auftragnehmers aufstellen.

§ 15   Stundenlohnarbeiten

1. (1) Stundenlohnarbeiten werden nach den vertraglichen Vereinbarungen abgerechnet.

(2) Soweit für die Vergütung keine Vereinbarungen getroffen worden sind, gilt die ortsübliche Vergütung. Ist diese nicht zu ermitteln, so werden die Aufwendungen des Auftragnehmers für Lohn- und Gehaltskosten der Bau-

stelle, Lohn- und Gehaltsnebenkosten der Baustelle, Stoffkosten der Baustelle, Kosten der Einrichtungen, Geräte, Maschinen und maschinellen Anlagen der Baustelle, Fracht-, Fuhr- und Ladekosten, Sozialkassenbeiträge und Sonderkosten, die bei wirtschaftlicher Betriebsführung entstehen, mit angemessenen Zuschlägen für Gemeinkosten und Gewinn (einschließlich allgemeinem Unternehmerwagnis) zuzüglich Umsatzsteuer vergütet.

2. Verlangt der Auftraggeber, dass die Stundenlohnarbeiten durch einen Polier oder eine andere Aufsichtsperson beaufsichtigt werden, oder ist die Aufsicht nach den einschlägigen Unfallverhütungsvorschriften notwendig, so gilt Nummer 1 entsprechend.

3. Dem Auftraggeber ist die Ausführung von Stundenlohnarbeiten vor Beginn anzuzeigen. Über die geleisteten Arbeitsstunden und den dabei erforderlichen, besonders zu vergütenden Aufwand für den Verbrauch von Stoffen, für Vorhaltung von Einrichtungen, Geräten, Maschinen und maschinellen Anlagen, für Frachten, Fuhr- und Ladeleistungen sowie etwaige Sonderkosten sind, wenn nichts anderes vereinbart ist, je nach der Verkehrssitte werktäglich oder wöchentlich Listen (Stundenlohnzettel) einzureichen.

Der Auftraggeber hat die von ihm bescheinigten Stundenlohnzettel unverzüglich, spätestens jedoch innerhalb von 6 Werktagen nach Zugang, zurückzugeben. Dabei kann er Einwendungen auf den Stundenlohnzetteln oder gesondert schriftlich erheben. Nicht fristgemäß zurückgegebene Stundenlohnzettel gelten als anerkannt.

4. Stundenlohnrechnungen sind alsbald nach Abschluss der Stundenlohnarbeiten, längstens jedoch in Abständen von 4 Wochen, einzureichen. Für die Zahlung gilt § 16.

5. Wenn Stundenlohnarbeiten zwar vereinbart waren, über den Umfang der Stundenlohnleistungen aber mangels rechtzeitiger Vorlage der Stundenlohnzettel Zweifel bestehen, so kann der Auftraggeber verlangen, dass für die nachweisbar ausgeführten Leistungen eine Vergütung vereinbart wird, die nach Maßgabe von Nummer 1 Abs. 2 für einen wirtschaftlich vertretbaren Aufwand an Arbeitszeit und Verbrauch von Stoffen, für Vorhaltung von Einrichtungen, Geräten, Maschinen und maschinellen Anlagen, für Frachten, Fuhr- und Ladeleistungen sowie etwaige Sonderkosten ermittelt wird.

§ 16 Zahlung

1. (1) Abschlagszahlungen sind auf Antrag in Höhe des Wertes der jeweils nachgewiesenen vertragsgemäßen Leistungen einschließlich des ausgewiesenen, darauf entfallenden Umsatzsteuerbetrags in möglichst kurzen

Zeitabständen zu gewähren. Die Leistungen sind durch eine prüfbare Aufstellung nachzuweisen, die eine rasche und sichere Beurteilung der Leistungen ermöglichen muss. Als Leistungen gelten hierbei auch die für die geforderte Leistung eigens angefertigten und bereitgestellten Bauteile sowie die auf der Baustelle angelieferten Stoffe und Bauteile, wenn dem Auftraggeber nach seiner Wahl das Eigentum an ihnen übertragen ist oder entsprechende Sicherheit gegeben wird.

(2) Gegenforderungen können einbehalten werden. Andere Einbehalte sind nur in den im Vertrag und in den gesetzlichen Bestimmungen vorgesehenen Fällen zulässig.

(3) Ansprüche auf Abschlagszahlungen werden binnen 18 Werktagen nach Zugang der Aufstellung fällig.

(4) Die Abschlagszahlungen sind ohne Einfluss auf die Haftung und Gewährleistung des Auftragnehmers; sie gelten nicht als Abnahme von Teilen der Leistung.

2. (1) Vorauszahlungen können auch nach Vertragsabschluss vereinbart werden; hierfür ist auf Verlangen des Auftraggebers ausreichende Sicherheit zu leisten. Die Vorauszahlungen sind, sofern nichts anderes vereinbart ist, mit 3 v. H. über dem Basiszins des § 247 BGB zu verzinsen.

(2) Vorauszahlungen sind auf die nächstfälligen Zahlungen anzurechnen, soweit damit Leistungen abzugelten sind, für welche die Vorauszahlungen gewährt worden sind.

3. (1) Der Anspruch auf die Schlusszahlung wird alsbald nach Prüfung und Feststellung der vom Auftragnehmer vorgelegten Schlussrechnung fällig, spätestens innerhalb von 2 Monaten nach Zugang. Die Prüfung der Schlussrechnung ist nach Möglichkeit zu beschleunigen. Verzögert sie sich, so ist das unbestrittene Guthaben als Abschlagszahlung sofort zu zahlen.

(2) Die vorbehaltlose Annahme der Schlusszahlung schließt Nachforderungen aus, wenn der Auftragnehmer über die Schlusszahlung schriftlich unterrichtet und auf die Ausschlusswirkung hingewiesen wurde.

(3) Einer Schlusszahlung steht es gleich, wenn der Auftraggeber unter Hinweis auf geleistete Zahlungen weitere Zahlungen endgültig und schriftlich ablehnt.

(4) Auch früher gestellte, aber unerledigte Forderungen werden ausgeschlossen, wenn sie nicht nochmals vorbehalten werden.

(5) Ein Vorbehalt ist innerhalb von 24 Werktagen nach Zugang der Mitteilung nach den Absätzen 2 und 3 über die Schlusszahlung zu erklären.

Er wird hinfällig, wenn nicht innerhalb von weiteren 24 Werktagen eine prüfbare Rechnung über die vorbehaltenen Forderungen eingereicht oder, wenn das nicht möglich ist, der Vorbehalt eingehend begründet wird.

(6) Die Ausschlussfristen gelten nicht für ein Verlangen nach Richtigstellung der Schlussrechnung und -Zahlung wegen Aufmaß-, Rechen- und Übertragungsfehlern.

4. In sich abgeschlossene Teile der Leistung können nach Teilabnahme ohne Rücksicht auf die Vollendung der übrigen Leistungen endgültig festgestellt und bezahlt werden.

5. (1) Alle Zahlungen sind aufs äußerste zu beschleunigen.

(2) Nicht vereinbarte Skontoabzüge sind unzulässig.

(3) Zahlt der Auftraggeber bei Fälligkeit nicht, so kann ihm der Auftragnehmer eine angemessene Nachfrist setzen. Zahlt er auch innerhalb der Nachfrist nicht, so hat der Auftragnehmer vom Ende der Nachfrist an Anspruch auf Zinsen in Höhe der in § 288 BGB angegebenen Zinssätze, wenn er nicht einen höheren Verzugsschaden nachweist.

(4) Zahlt der Auftraggeber das fällige unbestrittene Guthaben nicht innerhalb von 2 Monaten nach Zugang der Schlussrechnung, so hat der Auftragnehmer für dieses Guthaben abweichend von Absatz 3 (ohne Nachfristsetzung) ab diesem Zeitpunkt Anspruch auf Zinsen in Höhe der in § 288 BGB angegebenen Zinssätze, wenn er nicht einen höheren Verzugsschaden nachweist.

(5) Der Auftragnehmer darf in den Fällen der Absätze 3 und 4 die Arbeiten bis zur Zahlung einstellen, sofern eine dem Auftraggeber zuvor gesetzte angemessene Nachfrist erfolglos verstrichen ist.

6. Der Auftraggeber ist berechtigt, zur Erfüllung seiner Verpflichtungen aus den Nummern 1 bis 5 Zahlungen an Gläubiger des Auftragnehmers zu leisten, soweit sie an der Ausführung der vertraglichen Leistung des Auftragnehmers aufgrund eines mit diesem abgeschlossenen Dienst- oder Werkvertrags beteiligt sind, wegen Zahlungsverzugs des Auftragnehmers die Fortsetzung ihrer Leistung zu Recht verweigern und die Direktzahlung die Fortsetzung der Leistung sicherstellen soll. Der Auftragnehmer ist verpflichtet, sich auf Verlangen des Auftraggebers innerhalb einer von diesem gesetzten Frist darüber zu erklären, ob und inwieweit er die Forderungen seiner Gläubiger anerkennt; wird diese Erklärung nicht rechtzeitig abgegeben, so gelten die Voraussetzungen für die Direktzahlung als anerkannt.

§ 17 Sicherheitsleistung

1. (1) Wenn Sicherheitsleistung vereinbart ist, gelten die §§ 232 bis 240 BGB soweit sich aus den nachstehenden Bestimmungen nichts anderes ergibt.

(2) Die Sicherheit dient dazu, die vertragsgemäße Ausführung der Leistung und die Mängelansprüche sicherzustellen.

2. Wenn im Vertrag nichts anderes vereinbart ist, kann Sicherheit durch Einbehalt oder Hinterlegung von Geld oder durch Bürgschaft eines Kreditinstituts oder Kreditversicherers geleistet werden, sofern das Kreditinstitut oder der Kreditversicherer

– in der Europäischen Gemeinschaft oder

– in einem Staat der Vertragsparteien des Abkommens über den Europäischen Wirtschaftsraum oder

– in einem Staat der Vertragsparteien des WTO-Übereinkommens über das öffentliche Beschaffungswesen

zugelassen ist.

3. Der Auftragnehmer hat die Wahl unter den verschiedenen Arten der Sicherheit; er kann eine Sicherheit durch eine andere ersetzen.

4. Bei Sicherheitsleistung durch Bürgschaft ist Voraussetzung, dass der Auftraggeber den Bürgen als tauglich anerkannt hat. Die Bürgschaftserklärung ist schriftlich unter Verzicht auf die Einrede der Vorausklage abzugeben (§ 771 BGB); sie darf nicht auf bestimmte Zeit begrenzt und muss nach Vorschrift des Auftraggebers ausgestellt sein.

Der Auftraggeber kann als Sicherheit keine Bürgschaft fordern, die den Bürgen zur Zahlung auf erstes Anfordern verpflichtet.

5. Wird Sicherheit durch Hinterlegung von Geld geleistet, so hat der Auftragnehmer den Betrag bei einem zu vereinbarenden Geldinstitut auf ein Sperrkonto einzuzahlen, über das beide Parteien nur gemeinsam verfügen können. Etwaige Zinsen stehen dem Auftragnehmer zu.

6. (1) Soll der Auftraggeber vereinbarungsgemäß die Sicherheit in Teilbeträgen von seinen Zahlungen einbehalten, so darf er jeweils die Zahlung um höchstens 10 v. H. kürzen, bis die vereinbarte Sicherheitssumme erreicht ist.

Den jeweils einbehaltenen Betrag hat er dem Auftragnehmer mitzuteilen und binnen 18 Werktagen nach dieser Mitteilung auf ein Sperrkonto bei dem vereinbarten Geldinstitut einzuzahlen. Gleichzeitig muss er veranlassen, dass dieses Geldinstitut den Auftragnehmer von der Einzahlung des Sicherheitsbetrags benachrichtigt. Nummer 5 gilt entsprechend.

(2) Bei kleineren oder kurzfristigen Aufträgen ist es zulässig, dass der Auftraggeber den einbehaltenen Sicherheitsbetrag erst bei der Schlusszahlung auf ein Sperrkonto einzahlt.

(3) Zahlt der Auftraggeber den einbehaltenen Betrag nicht rechtzeitig ein, so kann ihm der Auftragnehmer hierfür eine angemessene Nachfrist setzen. Lässt der Auftraggeber auch diese verstreichen, so kann der Auftragnehmer die sofortige Auszahlung des einbehaltenen Betrags verlangen und braucht dann keine Sicherheit mehr zu leisten.

(4) Öffentliche Auftraggeber sind berechtigt, den als Sicherheit einbehaltenen Betrag auf eigenes Verwahrgeldkonto zu nehmen; der Betrag wird nicht verzinst.

7. Der Auftragnehmer hat die Sicherheit binnen 18 Werktagen nach Vertragsabschluss zu leisten, wenn nichts anderes vereinbart ist. Soweit er diese Verpflichtung nicht erfüllt hat, ist der Auftraggeber berechtigt, vom Guthaben des Auftragnehmers einen Betrag in Höhe der vereinbarten Sicherheit einzubehalten. Im Übrigen gelten die Nummern 5 und 6 außer Abs. 1 Satz 1 entsprechend.

8. (1) Der Auftraggeber hat eine nicht verwertete Sicherheit für die Vertragserfüllung zum vereinbarten Zeitpunkt, spätestens nach Abnahme und Stellung der Sicherheit für Mängelansprüche zurückzugeben, es sei denn, dass Ansprüche des Auftraggebers, die nicht von der gestellten Sicherheit für Mängelansprüche umfasst sind, noch nicht erfüllt sind. Dann darf er für diese Vertragserfüllungsansprüche einen entsprechenden Teil der Sicherheit zurückhalten.

(2) Der Auftraggeber hat eine nicht verwertete Sicherheit für Mängelansprüche nach Ablauf von 2 Jahren zurückzugeben, sofern kein anderer Rückgabezeitpunkt vereinbart worden ist. Soweit jedoch zu diesem Zeitpunkt seine geltend gemachten Ansprüche noch nicht erfüllt sind, darf er einen entsprechenden Teil der Sicherheit zurückhalten.

§ 18 Streitigkeiten

1. Liegen die Voraussetzungen für eine Gerichtsstandvereinbarung nach § 38 Zivilprozessordnung vor, richtet sich der Gerichtsstand für Streitigkeiten aus dem Vertrag nach dem Sitz der für die Prozessvertretung des Auftraggebers zuständigen Stelle, wenn nichts anderes vereinbart ist. Sie ist dem Auftragnehmer auf Verlangen mitzuteilen.

2. (1) Entstehen bei Verträgen mit Behörden Meinungsverschiedenheiten, so soll der Auftragnehmer zunächst die der auftraggebenden Stelle unmittelbar vorgesetzte Stelle anrufen.

Diese soll dem Auftragnehmer Gelegenheit zur mündlichen Aussprache geben und ihn möglichst innerhalb von 2 Monaten nach der Anrufung schriftlich bescheiden und dabei auf die Rechtsfolgen des Satzes 3 hinweisen.

Die Entscheidung gilt als anerkannt, wenn der Auftragnehmer nicht innerhalb von 3 Monaten nach Eingang des Bescheides schriftlich Einspruch beim Auftraggeber erhebt und dieser ihn auf die Ausschlussfrist hingewiesen hat.

(2) Mit dem Eingang des schriftlichen Antrages auf Durchführung eines Verfahrens nach Abs. 1 wird die Verjährung des in diesem Antrag geltend gemachten Anspruchs gehemmt. Wollen Auftraggeber oder Auftragnehmer das Verfahren nicht weiter betreiben, teilen sie dies dem jeweils anderen Teil schriftlich mit. Die Hemmung endet frühestens 3 Monate nach Zugang des schriftlichen Bescheides oder Mitteilung nach Satz 2.

3. Bei Meinungsverschiedenheiten über die Eigenschaft von Stoffen und Bauteilen, für die allgemeingültige Prüfungsverfahren bestehen, und über die Zulässigkeit oder Zuverlässigkeit der bei der Prüfung verwendeten Maschinen oder angewendeten Prüfungsverfahren kann jede Vertragspartei nach vorheriger Benachrichtigung der anderen Vertragspartei die materialtechnische Untersuchung durch eine staatliche oder staatlich anerkannte Materialprüfungsstelle vornehmen lassen; deren Feststellungen sind verbindlich. Die Kosten trägt der unterliegende Teil.

4. Streitfälle berechtigen den Auftragnehmer nicht, die Arbeiten einzustellen.

7.3 Work Package Responsibility

Work Package Responsibility Power Project GRE	1 Basic Engineering	2 Detailed Engineering	3 Material Supply	4 Erection	5 Commiss. Start-up	6 4-Weeks TrialRun	7 Supervision123456	Note:
PSP Qu 1 Work Package								KLW GRE X: Each for his own scope of work C: Client's consultant –: Not applicable
Boiler								
Mechanical Equipment								
Fuel Feeding System:	KLW	KLW	GRE	C	GRE	GRE	C	
– 2 Day Silos with Dust Control	KLW	KLW	GRE	C	GRE	GRE	C	
– Coal Bin Isolation Valves	KLW	KLW	GRE	C	GRE	GRE	C	
– Gravimetric Feeders	KLW	KLW	GRE	C	GRE	GRE	C	
– Isolation Valves	KLW	KLW	GRE	C	GRE	GRE	C	
– Piping to Furnace	KLW	KLW	GRE	C	GRE	GRE	C	
Limestone Feeding System:	KLW	KLW	GRE	C	GRE	GRE	C	
– Day Silo with Dust Control and Feed Equipment	KLW	KLW	GRE	C	GRE	GRE	C	
– Limestone Bin Isolation Valves	KLW	KLW	GRE	C	GRE	GRE	C	
– Rotary Feeders	KLW	KLW	GRE	C	GRE	GRE	C	
– Blowers	KLW	KLW	GRE	C	GRE	GRE	C	
– Piping from Blower to Injection Points	KLW	KLW	GRE	C	GRE	GRE	C	

7.4 Behinderung: Direktmeldung auf der Baustelle

Name des Projektes

Behinderung: Direktmeldung auf der Baustelle

1. Warum können wir nicht wie geplant arbeiten?

2. Beginn der Behinderung: Datum und Uhrzeit?

3. Durch wen werden wir behindert?

4. Welche konkreten Auswirkungen hat die Behinderung auf unsere Arbeit?

5. Ende der Behinderung: Datum und Uhrzeit?

6. Zusätzliche Kosten durch die Behinderung?

_____   _____
Ort, Datum   Name und Unterschrift

[Anmerkung: Das Formular dient nur dazu, den Sachverhalt auf der Baustelle festzuhalten, ersetzt aber keine ausführliche Behinderungsanzeige gegenüber dem Kunden – das Formular soll dann unverzüglich an den PL oder CM weitergeleitet werden]

7.5 Behinderungsanzeige

GRE ELECTRIC

Name
Telefon
Telefax

E-Mail

Ihr Schreiben
Unser Zeichen
Datum

Projekt: HLK in A-Stadt
Anmelden einer Behinderung in der Leistungsausführung bei der Prüfung von Vorliegerleistun-
gen anderer Gewerke

Sehr geehrte Damen und Herren,

wie im Zeitplan des HLK-Projektes vorgesehen, sollen wir ab dem 26.10.02 die Vorliegerleistungsprü-
fungen im Bereich der HLK-Zentrale durchführen. Der derzeitige Baufortschritt des Gebäudes lässt das
nicht zu.

Wir melden hiermit nach §6 VOB/B eine Behinderung in der Abwicklung unserer geschuldeten Leistung
aus obigem Grund an, welcher nicht durch uns zu vertreten ist.

Wir weisen vorsorglich daraufhin, dass der Auftragnehmer lt. §6 VOB/B verpflichtet ist, dem Auftraggeber unverzüglich schriftlich anzuzeigen, wenn er sich in der ordnungsgemäßen Ausführung der Leistung
behindert glaubt. Diese Anzeige ist schon deswegen notwendig, um entsprechende Vergütungsansprüche zu erhalten. Unter den Begriff der Behinderung fallen alle Bereiche, die den vorgesehenen Leis-
tungsablauf hemmen oder verzögern.

Sie rügen mehrfach in Ihrer letzten Stellungnahme hinsichtlich unserer Behinderungsanzeigen, dass
diese nicht substanziiert seien. Nach einschlägiger Kommentierung der VOB/B ist das auch nicht not-
wendig. Es genügt vollkommen, wenn der Auftragnehmer die Befürchtung hegen muss, dass wegen
Behinderungen durch andere Gewerke oder durch mangelhafte Koordination beim Bauherren seine
Leistung nicht fristgemäß erbracht werden kann.
Ob hier dann tatsächlich eine solche Behinderung eintritt ist erst in zweiter Linie zu prüfen.

Wir bitten Sie somit unsere Behinderungsanzeige und unsere Ausführungen zur Kenntnis zu nehmen.

Mit freundlichem Gruß

GRE Electric

Seite 1 von 1

7.6 Abmeldung der Behinderung

GRE ELECTRIC

Name
Telefon
Telefax

E-Mail

Ihr Schreiben
Unser Zeichen
Datum

Projekt: HLK in A-Stadt
Abmelden unserer Behinderung in der Leistungsausführung vom 26.10.02 (Prüfung von Vorlie-
gerleistungen anderer Gewerke)

Sehr geehrte Damen und Herren,

wie im Zeitplan des HLK-Projektes vorgesehen, sollen wir ab dem 26.10.02 die Vorliegerleistungsprü-
fungen im Bereich der HLK-Zentrale durchführen. Der Baufortschritt des Gebäudes ließ das aber erst ab
dem 11.11.02 zu und wir konnten die für den 26.10.02 vorgesehenen Prüfungen der Vorliegerleistungen
am 12.11.02 durchführen.

Wir melden hiermit unsere o.g. Behinderung mit obigem Datum (12.11.02) ab, weisen jedoch darauf hin,
dass wir uns vorbehalten, die uns daraus entstandenen Zeitverzüge und Kosten zu gegebener Zeit einzufordern.

Mit freundlichem Gruß

GRE Electric

Seite 1 von 1

7.7 Bedenkenanzeige

GRE ELECTRIC

Name
Abteilung
Telefon
Fax

E-Mail
Unser Zeichen
Datum
Ihr Zeichen

Projekt: HLK in A-Stadt
Anmeldung von Bedenken (§ 4 Nr. 3 VOB/B)

Sehr geehrte Damen und Herren,

uns erreichte heute von unserem Bauleiter HLK folgende Meldung:

> „Anlässlich der Baubegehung vom 30.09.02 melden wir hiermit Bedenken über den derzeitigen Ausführungsstand des Gebäudeabschnittes an, in dem die HLK-Anlage untergebracht werden soll. Der unserer Leistungserbringung zugrunde liegende Terminplan ist Vertragsbestandteil. Wir sehen den Meilenstein „Montagebeginn HLK" in Frage gestellt."

Anlage: Auflistung der Tätigkeitsberichte des Montagepersonals
Fotos vom derzeitigen Bauzustand

Wir bitten Sie als für die Gesamtplanungskoordination verantwortlichen Vertragspartner, die nötigen Schritte einzuleiten, um einer drohenden Verzögerung auszuweichen.

Mit freundlichen Grüßen

GRE Electric

Seite 1 von 1

7.8 Tagesbericht

GRE ELECTRIC

Tagesbericht Nr. 153

Datum	KW	Wochentag	Wetterlage	Temperatur	Verfasser
24.06.02	26	Mo Di Mi Do Fr Sa So x	sonnig	15 °– 27°	Projektassistenz des PL

Baustelle Monoton – Dieselelektrische Anlage

Baustellenleiter	Personalstand					Verteiler	
	Personalart	Ing.	Tech	Gew.	Ges	Abt.	Name
Herr XYZ	GU				11	AG	Herr ABC
	Eigene Subs				74	GV	Herr DEF
	Stahlbau				21	Planung	Herr GHI
	E/M-Montage				6	Mont.Ltg	Herr JKL
	M/IBS Diesel				32	Kons. 1	Herr MNO
Eingangsstempel Kunde / AG	Konsortialpartner ges.				140	Kons. 2	Herr PQR
Ohne Anerkennung des Inhaltes	Gesamt				284		

Aktivitäten:

Stahlbau: In Halle Nord: Restarbeiten, Änderungen an Achse N07/W01-W02. Durchbrüche schneiden und Rohre schweißen. Abschnitt 1A: Verschrauben der Zugstangen, Befestigung der Gitterroste. Abschnitt 3A: Verschrauben der Profile mit der Stahlkonstruktion, Schweißen der Randwinkel und der Konsolen. Abschnitt 3B: Montage und Schweißen der Konsolen. Abschnitt 5: Entladung und Transport der Stahlträger, Bohrarbeiten für Fassadenprofil und Montage der Profile. Materialeinbringung: 1 LKW-Ladung Stahl Phase 49

Dieselanlage: In den Sektoren 16.1, 19.1, 21.1 Montage von Kabelrosten. In Montagegebiet 3.1, Montagegebiet 3.5, 4.5 Montage von Treibstoffleitungen. In T2 E02 Montagegebiet 3.6 Transport. In T2 Z03 Montagegebiet 1.1 Montage von Elementen. In T2 Z03 Montagegebiet 18.2, 18.4, 19.3 Montage von Kabelbühnen. In T2 Z03 Montagegebiet 13.4, 13.2, 8.3, 4.1, 4.2 Montage von Kabeln. In T2 Z03 Montagegebiet 15.1 2 Förderbänder umgebaut, Feinjustierung von Elementen. Lieferungen aus Mitteldeutschland: 4 Paletten Spezialelemente, 4 Paletten Rohrverbinder und Stützen

E/M-Montage: Start Installation im Gebäude 1. Restarbeiten an Dieselstation. Verkabelungen Richtung Dieselgenerator. Installation Zuleitung Generator. Kabelzug auf E02 im Abtauchbereich.

IBS: Die IBS findet innerhalb der Bereiche Dieselgeneratorenhaus und Schaltanlagenhaus für die Gebäudegrundinstallation statt

Sonderbauten: Wird nachgereicht.

Schriftverkehr: Anträge für 12 Baustellenausweise am 20.06.02
Bedenkenanzeige für die Fertigstellung der Zufahrtsstraße zum vertraglich festgelegten Zeitpunkt der Transformatorenlieferung

Behinderungen: Laut Behinderungsliste; dazu aktuell: Baukran nicht verfügbar, obwohl vom AG vertraglich zugesagt

Abweichungen vom Bausoll: Baufortschritt der Vorgewerke im Hauptgebäude reicht nicht für einen Montagebeginn der Nachfolgergewerke Elektro und Diesel sowie Brandschutz und Alarme aus, ca. 3 Wochen Verzug

Sonstiges: Besuch der Geschäftsleitung des Auftraggebers und Fortschrittsbesichtigung

Meetings: Baustellenbegehung mit anschließendem Jour Fixe; Protokoll vom 19.06.02

Weitere besondere Vorkommnisse: Claim Management durch PL eingeführt, Claim Manager vorgestellt und Quantity Surveyor auf der Baustelle installiert.
Zwei neue Baustellenfahrzeuge (Mannschaftspendelbusse) wegen der weiten Zufahrt zur Baustelle und unzureichender Parkmöglichkeiten von PKWs gekauft und den Pendelverkehr am 20.06.02 gestartet, der Kunde lehnt Beteiligung an Aufwendungen ab.

Baustelle Monoton, am 26.06.2005   Baustellenleiter............................   Eingangsbestätigung AG.................................

Seite 1 von 1

7.9 Ankündigung Vergütung für geänderte Leistung

GRE ELECTRIC

Name
Abteilung
Telefon
Fax

E-Mail
Unser Zeichen
Datum
Ihr Zeichen

Projekt: HLK in A-Stadt
Ankündigung von Vergütung für geänderte / zusätzliche Leistungen Nr. 3

Sehr geehrte Damen und Herren,

in der Baubesprechung am .... wurde von .... angeordnet, den Schaltschrank AY 22 in den Achsen C in die Achsen F umzusetzen.

Wir werden diese geänderte Leistung unverzüglich planen und ausführen.

Sobald wir die Kosten und die Auswirkungen auf die Bauzeit ermittelt haben, werden wir Ihnen unverzüglich einen CR (Change Request) übermitteln. Die formale Auftragserweiterung wird durch die Change Order dokumentiert.

Mit freundlichen Grüßen

GRE Electric

Seite 1 von 1

7.10 Claimerfassungsmatrix

1	2	3	4	5	6	7	8	9	10	11	12	13	14	15
Claim Nr.	Claimart	Status des Claims	Datum der Verfolgung	Titel des Claims	Abweichung gemeldet am	Abweichung gemeldet von	Verursacher der Abweichung	Dokumentiert	Dadurch ist / sind betroffen	Claimwert; Schätzung bzw. Rechnungsbetrag	Chancen bei der Durchsetzung [%]	Claimsumme (bewertet)	Claimsumme (durchgesetzt)	Bemerkung
1														
2														
3														
4														
5														
										EUR 0,00		EUR 0,00	EUR 0,00	BILANZ VOM ....
										Summe Claimwert Schätzung bzw. Rechnung		Eigenkosten / Claimsumme nach Bewertung in % der Durchsetzungs-chancen	Claimsumme durchgesetzt bzw. zugestanden	Claimsumme durchgesetzt oder zugestanden minus der Eigenkosten
Eindeutige, fortlaufende Nummerierung	E...Eigenclaim F...Fremdclaim	offen; angemeldet; verhandelt; geschlossen; ausgebucht sen; ausgebucht	Datum, wann eine Wiedervorlage erfolgen soll	"Griffiger" Titel des Claims, um den Claimfall bereits am Namen zu identifizieren oder wieder zu erkennen	Datum und eventuell Uhrzeit der Erfassung der Abweichung	Name, Firma, Institution des Erfassers der Abweichung vom Vertrag (Claimfall)	Name, Firma, Institution des Verursachers der Abweichung vom Vertrag (Claimfall)	Brief an..., Fotos, Zeitungsmeldung, Berichte, Besprechungsproto-kolle, Freigaben, Bautagesbericht...	Weitere von der Abweichung Betroffene sind z.B. Unterauftragnehmer, Lieferant (Name, Firma, Institution)	Absoluter Betrag und Vorzeichen bei selbst rechnender Bilanz eingeben (Minusvorzeichen bei Fremdclaims)	Schätzung in Prozent	Claimpotenzial, Produkt aus Claimwert und Durchsetzungs-wahrscheinlichkeit	Claimsumme (pro Partner) durchgesetzt bzw. abgewehrt, durchgesetzte Fremdclaimsumme mit Minusvorzeichen	Merker z.B. für weiteres Vorgehen bzw. grau: Claimbilanz zugestanden durchgesetzte Summe minus Eigenkosten

Claimbilanz: Mehrkosten durch Claimereignis + Kosten der Claimbearbeitung - nach Verhandlung zugestandener Betrag

7.11 Termin- und Kostenclaim „Hochhauskomplex"
Seite 1

Kopfzeile: Eigener Firmenname, Projektname, Auftragsnummer, Kundenname

**Projekt Hochhauskomplex Gewerbegebiet München Süd
HLK-Anlagen**

Leistungsverzeichnis Nr. 123; Vertragsdatum 03. 03. 2002

Nachtrag Nummer 123 – 45

**Titel: Unzureichender Baufortschritt des Projektes;
Vorleistungsprüfung aufgrund unzureichenden
Baufortschritts nicht möglich**

**Es bestehten Anspruch und Forderungen des Auftragnehmers GRE
Electric gegen den Auftraggeber KLW Construction GmbH auf eine
Verlängerung der Ausführungsfristen und Vergütung infolge der
nachfolgend beschriebenen Behinderung.**

Inhaltsverzeichnis:
Behinderung der Vorleistungsprüfung
1. Beschreibung der zugrunde liegenden Sachverhalte
2. Bausoll gemäß Vertrag
3. IST gemäß tatsächlichem Bauablauf
4. Darstellung und Ursache der Abweichung
5. Beschreibung der Auswirkung
6. Vertragliche Anspruchsgrundlage
7. Bewertung des Terminverlängerungsanspruchs
8. Bewertung der zu vergütenden Mehrkosten
9. Zeitablauf; grafische Darstellung

Abkürzungsverzeichnis
AG   Auftraggeber
AN   Auftragnehmer
HLK   Heizung Lüftung Klima
IBS   Inbetriebsetzung
PA   Planabschnitt
VOB   Vergabe- und Vertragsordnung für Bauleistungen
VOB/B   Vergabe- und Vertragsordnung für Bauleistungen, Teil B (Ausführung
von Bauleistungen; DIN 1961

Anlagenverzeichnis
Anlage 1; Dokumentation des Schriftverkehrs AG / AN
Anlage 2; Kalkulationsgrundlagen für die Leistungen des AN
Behinderung 123-45; Unmöglichkeit einer Überprüfung von vertraglich
zugesicherten Vorleistungen der für die Aufstellung einer HLK-Anlage vorgesehenen
Räumlichkeiten

Die für die Behinderung „Nachtrag Nr. 123-45" relevanten Eckdaten sind nachfolgend
aufgeführt:

Beginn der Behinderung: 26. 10. 2003

7.11 Termin- und Kostenclaim „Hochhauskomplex"
Seite 2

Ende der Behinderung:	10. 01. 2004
Ort der Behinderung:	PA 6 1. Untergeschoß
Betroffene Leistung:	Vorleistungsprüfung
Anzeige von Bedenken:	08. 10. 2003
Behinderungsanzeige:	28. 10. 2003
Abmeldung der Behinderung:	26. 02. 2004

1. Beschreibung der zugrunde liegenden Sachverhalte für die Behinderung 123-45

Die ab dem 26. Okt. 2003 für diesen Planabschnitt geforderte Bauvorleistungsprüfung konnte nicht durchgeführt werden, da dies der Baufortschritt nicht zuließ.
In unserem Schreiben MCH-HH-HLK.123-45 vom 28. Okt. 2003 wurden Sie – bereits im Nachgang von Anmeldung von Bedenken zu einer möglichen Leistungsstörung – aufmerksam gemacht, dass die vertraglich geschuldete Vorleistungsprüfung bauseitiger Gegebenheiten aufgrund mangelnden Baufortschritts nicht durchführbar ist.
Die Anmeldung dieser Behinderung erfolgte im Einklang mit § 6 VOB/B, die Ursachen sind nicht von uns zu vertreten.

2. Bausoll gemäß Terminplan und Vertrag

Aus den vertraglichen Regelungen geht hervor: „.....Falls für die HLK-Anlagen Einbauteile in den Rohbau vorgesehen sind, muss der AN die richtige Ausführung prüfen (Vertragsteil Rahmenbedingungen Teil R; Seite 12: „.....Rechtzeitig, entsprechend des AG, vor Beginn der Montagearbeiten, hat der AG alle Gebäudemaßnahmen sowie Maße von Anlagenteilen, die ihn betreffen, aufzunehmen und mit seiner Planung zu überprüfen......")

3. IST gemäß tatsächlichem Bauablauf

Am 28. 10. 2003 meldete der AN Beim AG Behinderung wegen des unzureichenden Baufortschritts an, eine Bauvorleistungsprüfung sei nicht durchführbar. Dem Schreiben sind auch aktuelle Fotos der Situation beigefügt.

4. Darstellung und Ursache der Abweichung

Die Abweichung liegt darin, dass durch den fehlenden Baufortschritt eine zusammenhängende Prüfung der Vorleistungen nicht möglich war. Mehrmalige spätere und nicht zusammenhängende Prüftermine waren notwendig. Es zeigte sich außerdem im Laufe der Wintermonate, dass die Isolierung im Bezug auf Feuchtigkeit und Wassereinbruch noch unzureichend war und es zu Pfützenbildungen im beschriebenen Planabschnitt kam.

Die Ursache für die Abweichung liegt einzig und allein im Einfluss- und Verantwortungsbereich des AG, da dieser für die vollständige, ordnungs- und sachgerechte Bereitstellung der Vorleistung für die HLK-Montage gemäß Vertrag verantwortlich ist.

Die Koordinierung der betroffenen Gewerke obliegt vertraglich ausschließlich dem AG.

5. Beschreibung der Auswirkungen

7.11 Termin- und Kostenclaim „Hochhauskomplex"
Seite 3

Aufgrund der Tatsache, dass die Vorleistungsprüfung nicht durchgeführt werden konnte, mussten die Prüfer wiederholte Male auf die Baustelle kommen, die von der sachgerechten Ausführung der Vorleistung abhängige Freigabe zur Montage konnte nicht fristgerecht erteilt werden.
Eine Terminverschiebung für die Montagearbeiten und die IBS ist daher die Folge.

6. Vertragliche Anspruchsgrundlage

Die Ansprüche auf Terminverlängerung und Vergütung für den AN lassen sich aus § 6 Nr. 2 VOB/B sowie § 2 Nr. 5 VOB/B ableiten. Somit besitzt der AN gegenüber dem AG einen Anspruch auf Verlängerung der Ausführungsfristen **und** auf Vergütung der daraus entstehenden Mehrkosten.

7. Bewertung des Terminverlängerungsanspruchs

Ein Terminverlängerungsanspruch ist in § 6 Nr. 4VOB/B nach der Dauer der Behinderung mit einem Zuschlag für die Wiederaufnahme der Arbeiten und die etwaige Verschiebung in eine ungünstigere Jahreszeit. Daraus ergeben sich vom 26. 10. 2003 bis zum 10. 01. 2004 insgesamt 77 Kalendertage oder 50 Arbeitstage. Eine wirksame Terminverlängerung ergibt sich aus den in den Leistungsnachweisen aufgelisteten und vom AG gegengezeichneten Tätigkeiten in den betroffenen Bereichen von **2,75 Arbeitstagen**.

8. Bewertung der zu vergütenden Mehrkosten

Die direkten Mehrkosten der vordem beschriebenen Mehraufwendungen werden auf der Grundlage der Ursprungskalkulation wie folgt berechnet:

2 % Zuschläge für Baustellengemeinkosten, 8,5 % Zuschläge für Allgemeine Geschäftskosten und 5,4 % Zuschlag Wagnis und Gewinn addieren sich zu 15,9 % Zuschläge.
Der Verrechnungssatz des Prüfingenieurs von Euro 94,00 erhöht sich damit auf Euro 108,95.

Daraus ergeben sich entsprechend der vom AG anerkannten Tätigkeitsnachweise 44 Stunden zum Stundensatz von Euro 108,95 Mehrkosten in der Höhe von **Euro 4.793,62.**

Somit ergibt sich insgesamt für den AN ein Anspruch auf Terminverlängerung in Höhe von 2,75 Tagen sowie auf Vergütung von Mehrkosten in Höhe von Euro 4.793,62. Weitere Mehrkosten, die infolge der Terminverlängerung für dieses Gewerk und den gesamten Bauablauf entstanden sind, werden ausdrücklich vorbehalten.

9. Zeitablauf; grafische Darstellung

KW 44	KW 45	KW 46	KW 47	KW 48	KW 49	KW 46	KW 50	KW 51	KW 52	KW 01	KW02
1,00 AT		0,625 AT		0,375 AT				0,375 AT			0,375 AT

Es mussten Arbeiten neu geplant und Arbeitsteams umgesetzt werden. Durch die Verzögerung frei gewordene Teams wurden nach Möglichkeit mit anderen anstehenden Montagen und IBS-Arbeiten betraut.

7.11 Termin- und Kostenclaim „Hochhauskomplex"
Seite 4

Kopfzeile: Eigener Firmenname, Projektname, Auftragsnummer, Kundenname

Im Kalenderzeitraum von insgesamt 77 Tagen fielen somit nur 2,75 Mehrarbeitstage an.

München, am ....   Für GRE Electric

Headline with Customer / own Project Name / File Number

AFRICAN GAS FIELD DEVELOPMENT PROJECT
NORTHERN OIL COMPANY

between **KLW CONSTRUCTION Co., Ltd.**

and

GRE Electric
Purchase Order No. KLW- 0303/2000-PO

Signed 31.12.2000

Claim for Compensation

for

- deliveries exceeding the Contractual Scope of Delivery as specified hereafter

- Interim Payment for Services related to the extended Project Management

List of Contents

1

7.12 Claimanzeige „African Gas Field" (englisch)
Seite 2

Headline with Customer / own Project Name / File Number

1. Introduction

This is an interim claim for compensation arising from two major subjects as specified below:

1.1 Equipment Changes and/or additional equipment delivery.

Pos.Nr	Description	Price
ABA		
4711A	DC20 to DC 31; free of charge	~~2,720.00 $~~
4711A1	Spare Parts for DC/AC; free of charge	~~1,550.00 $~~
4711A2	Spare Parts for DC/DC; free of charge	~~1,530.00 $~~
4711	DC PS Test Equipment	4,234.00 $
4711B	AC Supply	Included in appr. FDS provided by KLW
MIC		
5711	Spare Microwave	3,910.00 $
5711A	Microwave Change Frequency *Less mutual agreed Discount*	30,320.00 $
5711B	Digital Interface	settled
5711C	2m Dishes	settled
5711D	Redundant Microwave	15,280.00 $
ISS		
6711	Digital Lines (=>10km)	9,130.00 $
6711A	Distance Adapter	25,400.00 $
6711B	Change to new frequency	settled
6712	Optional Test Equipment	125,000.00 $
6712A	ISS for Test Equipment	settled
IAA		
7711	Change Racks to Cabinets *Less 10% Discount*	5,160.00 $
7712	Spare Parts for IAA *Less mutual agreed Discount*	5,630.00 $
7713	EX Flash Lamps *Less mutual agreed Discount*	4,110.00 $
	Sub Total	228,174.00 $

2

1.2 Extended Project Management

For extended Project Management, GRE Electric is entitled to negotiate compensation as stipulated in the Contract for the Supply of Communication & CATV System between KLW CONSTRUCTION Co., Ltd. and Electric AG, AGF Dept. (Ger)dated 31.12.2000, in accordance with Clause 8, para 2.

GCO; 12345	Extended Project Management; increase for extended Project Management until 31.05.03, plus 4 weeks according to Exhibit.Bx Project Time Schedule, Rev. 0.7b, dt.31.12.2000 page 12of 13	358,228.00 $

The above mentioned amount of 358,228.00 $ covers the period for the extension of the Project Management until 31.05.2003, plus 4 weeks.

The monthly progress, as reported to you, shows a 58.1% of finalization to date. A 100% finalization could be achieved 30.09.2003.

For each additional month of Extended Project Management, starting with 01.06.03 plus 4 weeks, we will charge 1/12th of a.m. price of 358,228.00 $. Should, for any reason, the Finalization not be achieved by 30.09.2003, an increase of 3% will be charged.

Please find below indicated our additional charges to KLW CONSTRUCTION Co., Ltd. as per today:

1.1	Change of Equipment and/or additional equipment delivery.	228,174.00 $
1.2	Extended Project Management; increase for extended Project Management until 31.05.03, plus 4 weeks according to Exhibit.B Project Time Schedule, Rev. 0.7b, dt.31.05.2001 page 2of 3	358,228.00 $
	Grand Total as per today	**586,402.00 $**

1.3 Additional Warehouse / Storage / Insurance Costs

In accordance with our Contract the additional costs of storage and insurance, whether at port, warehouse, or at the manufacturer's location, will be included in our final claim.

1.4 Interest on delayed Payments

GRE Electric will submit a separate claim at a later date reflecting the loss of Interest from the date of projected payment (in accordance with the original delivery availability) to the date of actual payment.

3

Headline with Customer / own Project Name / File Number

2. Relevant Contract Excerpts of the Contract

between **KLW CONSTRUCTION Co., Ltd.**
and
GRE Electric,
Purchase Order No. KLW- 0303/2000-PO

The above mentioned Contract, signed on the 31.12.2000, requires inter alia:

#3. Scope of Supply

GRE Electric has complied with #3 and appendix 6 of our contract.

#4. Contract Price

GRE Electric refers to #4 of our contract:

*"The Contract Prices are fixed, firm and not subject to escalation for execution of deliveries and services within the timeframe given in the timetable enclosed.
(until 31st. May 2002) If delays are not attributable to Supplier, a reasonable Price plus costs for extended Project Management will be negotiated between both parties.*

"In case of FOB is delayed due to the reasons not attributable to supplier,…"

#8. Delivery

Para 8 of our contract requires the following:

*"The supplier shall continue to **store such Supplies** at an appropriate and secure manner pending further instructions are received from the Purchaser…*

#19. Modifications

*"The Purchaser shall have the right by written supplement to make changes in the scope of supply, specifications and drawings for equipment, materials and items covered by the supply Contract. If such change will affect the price or delivery date for such equipment, materials or items, the Purchaser and the Supplier **shall mutually agree in writing** upon equitable **adjustment in the price** and/or delivery date to reflect the effect of such change…*

This claim serves as the mutual agreement referred to above 4 items not yet agreed upon.

4

7.12 Claimanzeige „African Gas Field" (englisch)
Seite 5

Headline with Customer / own Project Name / File Number

3. Correspondence References

Pos. No.	Title/Evidence	Contract	Letter Reference	Status
4711	DC/PS Test Equipment Contract 12.8	Special Test Equipment not necessary	Included in approved FDS Rev.2	Commented by EL Rev.0
4711A	Spare Parts ABA: Contract 11.1; 11.2	Spare parts not necessary	EL-169 dd.26.02.03	Commented in all FDS-Revisions
4711A1 4711A2	Spare Parts for DC/AC; *free of charge*	Specif. Doc Telcom-A	Letter-EL-088 dd.18.07.02	Requested by EL in Site Mtg. See MOM, dd.12.09.01
5711	Spare Parts Microwave	Specif. Doc Telcom-B	EL -169 dd.26.02.03	Confirm. EL 5868 dd.20.02.03
5711A 5711B 5711C 5711D	Microwave with changed Frequency Band	Option from the Contract D.2.2		Requested by EL in Site Mtg. See MOM, dd.12.09.01
6711A 6711B	ISS Digital Lines; Change to new Frequencies	Option from the Contract D.2.3		Requested by EL in Site Mtg. See MOM, dd.12.09.01
6712	Optional Test Equipment	Option from the Contract D.1	EL-076 dd.12.06.02	Requested by EL in Site Mtg. See MOM, dd.12.09.01
7711	Change ISS Racks to Cabinets	Specif.Doc JS-Telcom-F	EL-085 dd.11.07.02	Confirm. F-ATAS/SITE-3037 dd 17.07.02
7712	Spare Parts for Intercom	Contr. 11.700; Spare parts not necessary	EL-063 dd.29.04.02	Confirm The CONSTRUCTION Co.-2204 dd. 28.04.02
7713	EX Flash Lamps	Specif.Doc JS-Telcom-G	EL-087 dd.11.07.02	Confirm. The CONSTRUCTION Co.-3037 dd 17.07.02

5

Headline with Customer / own Project Name / File Number

4. Progress Report (Progress Graph)

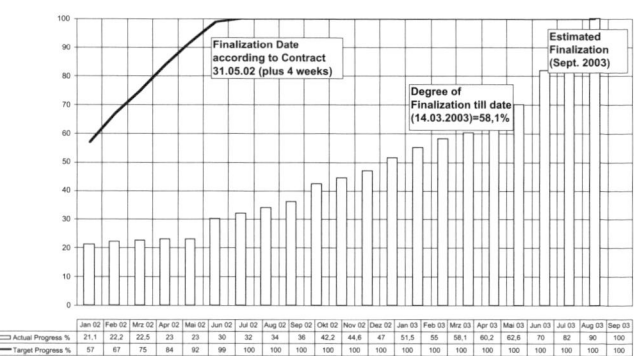

Progress Graph

The above graph shows both the history and the forecast of the Project's progress, to include:

-     Initial Finalization Date according to Contract: 31.05.2002 (plus 4 weeks)

-     Degree of Finalization to date 14.03.2003:   58.1 %

-     Estimated Finalization Date: September 2003

We refer to the calculated difference between the Initial Finalization Date according to Contract and the percentage of finallication to date (=58.1%), and claim compensation for Extended Project Management to date as specified in 1.2 of this letter.

Furthermore, we reserve our rights to claim additional costs for Extended Project Management from 14.03.2003 until estimated Finalization of Project (Sept. 2003).

Day and Date; Signature

GRE Electric

6

7.13 Claimanzeige Schallschutzanlage (französisch)

GRE ELECTRIC

KLW Construction S.A.
23 rue du bâtiment

F-75007 Paris

Name
Abteilung
Telefon
Fax

E-Mail
Unser Zeichen
Datum
Ihr Zeichen

Projet installations acoustiques
Notification d'empêchement des prestations contractuelles Nr. 230/04

Mesdames et Messieurs,

nous vous écrivons concernant notre entretien d'hier compte tenu de l'absence des prestations contractuelles de votre entrepreneur Trajetcom SARL.

Conformément à notre contrat du 07.10.2003 et de notre calendrier d'exécution contractuel nous aurions dû commencer avec nos installations acoustiques le lundi 08.11.2004. Ces installations au niveau 3B du bâtiment A sont nécessaires pour réaliser nos obligations contractuelles envers votre entreprise.

Une des conditions préalables pour nos travaux est l'achèvement du niveau 3B jusqu'au 06.11.2004. Malheureusement votre entrepreneur Trajetcom SARL n'a pas réussi à terminer ses travaux de construction à temps. Le gérant de la Trajetcom SARL M. Lalique vient juste de nous informer que ses travaux dureront encore au moins quatre semaines. En qualité de maître d'ouvrage vous êtes responsable de l'exécution ponctuelle du contrat de vos entrepreneurs.

A cause de cet empêchement, qui est imputable à votre entreprise, nos travaux vont être en retard d'au moins quatre semaines. Au-delà nous vous avisons que la mise en service de l'installation prévue pour le 27.01.2005 est compromise.
Nous sommes aussi autorisés à faire valoir des augmentations de charge, des frais de maintenance et de non-activité auprès de votre entreprise. En outre nous nous réservons tous nos droits, notamment de faire valoir une prolongation de délai, des dommages et intérêts et éventuellement une perte de bénéfices.

Nous vous prions de prendre les mesures nécessaires pour régler ces difficultés pour que nous puissions reprendre nos travaux le plus tôt possible.

Veuillez agréer, Mesdames et Messieurs, l'assurance de nos salutations distinguées.

GRE ELECTRIC

7.14 Claimanzeige Schallschutzanlage (deutsche Übersetzung)

GRE ELECTRIC

KLW Construction S.A.
23 rue du bâtiment

F-75007 Paris

Name
Abteilung
Telefon
Fax

E-Mail
Unser Zeichen
Datum
Ihr Zeichen

Projekt Schallschutzanlage
Behinderungsanzeige Nr. 230/04

Sehr geehrte Damen und Herren,

wir nehmen Bezug auf unser gestriges Gespräch über die fehlenden Vorleistungen Ihres Auftragnehmers Trajetcom SARL.

Gemäß unseres Vertrages vom 07.10.2003 und unseres vertraglichen Terminplans hätten wir am Montag, den 08.10.2004 mit dem Einbau unserer Schallschutzanlage beginnen müssen. Der Einbau dieser Anlage im Geschoss 3B des Gebäudes A ist erforderlich, um unsere vertraglichen Verpflichtungen Ihnen gegenüber zu erfüllen.

Voraussetzung für die Ausführung unserer Arbeiten ist die Fertigstellung des Geschoss 3B bis zum 06.11.2004. Leider hat Ihr Auftragnehmer Trajetcom SARL seine Vorleistung nicht rechtzeitig erbracht. Herr Lalique, Geschäftsführer der Trajetcom SARL, hat uns soeben darüber informiert, dass seine Arbeiten noch mindestens vier Wochen dauern werden. Als unser Auftraggeber sind Sie für die rechtzeitige Ausführung der Vorleistungen Ihrer Auftragnehmer verantwortlich.

Aufgrund dieser Behinderung unserer vertraglichen Leistung, welche Ihnen zuzurechnen ist, kann mit der Ausführung unserer Leistungen erst vier Wochen später begonnen werden. Darüber hinaus möchten wir Sie darauf hinweisen, dass durch diese Behinderung der Inbetriebnahmetermin vom 27.01.2005 gefährdet wird.

Zudem möchten wir festhalten, dass wir berechtigt sind Mehrkosten, Vorhaltekosten und Kosten aus Stillstandzeiten gegen Sie geltend zu machen. Schließlich behalten wir uns aufgrund dieser Behinderung alle Rechte vor, insbesondere unseren Anspruch auf Bauzeitverlängerung, Schadensersatz und entgangenen Gewinn.

Wir bitten Sie die erforderlichen Schritte einzuleiten, um diese Behinderung zu beheben, damit wir schnellstmöglichst unsere Arbeiten wieder aufnehmen können.

GRE ELECTRIC

8 Glossar

Abnahme; Acceptance

Acceptance steht im Anlagen- und Projektgeschäft für „Abnahme des Werkes" und damit für das Ende der Erfüllungsphase und den Beginn der Mängelhaftungsphase. Es handelt sich also um eine Anerkennung der vertragsmäßigen Erfüllung der Lieferungen und Leistungen des AN durch den AG. Sie kann mit oder ohne Mängelvorbehalt erfolgen.

Häufig ist damit die Ausstellung eines PAC (Provisional Acceptance Certificate) verbunden und nach Abschluss der Mängelhaftungszeit (Warranty Period) und Abarbeitung der Mängelliste (LOP-Liste; List of Open Points oder Punch Item List) die Ausstellung des FAC (Final Acceptance Certificate).

Hinweis: Die Abnahme im Herstellerwerk wird als FAT (Factory Acceptance Test) bezeichnet.

ADR (Alternative Dispute Resolution)

Derartige Verfahren laufen außerhalb des staatlich geregelten Gerichtsverfahrens ab. Die Vertragsparteien schalten einen neutralen Dritten ein, mit dem Ziel, den Streit zu beenden. Den ADR-Verfahren müssen beide Parteien freiwillig zustimmen, das Ergebnis ist im Gegensatz zu Urteilen von (Schieds-) Gerichten kein bindendes, vollstreckbares Urteil.

Verschiedene ADR-Verfahren sind zum Beispiel Mediation, Mitigation, Conciliation oder DAB (Dispute Adjudication Board) bei FIDIC-Verträgen (siehe Schlichtung).

AEK (Auftragseingangskalkulation)

Bei Auftragseingang wird zugleich mit der Ernennung des Abwicklungsprojektleiters eine Auftragseingangskalkulation erstellt, aus der die bei Abgabe des Angebotes ermittelten Kosten unter Berücksichtigung des aktuellen Liefer- und Leistungsumfangs überprüft werden. Die zu erreichenden EBIT/GWB-Ziele werden daraus für den Projektleiter abgeleitet und als Zielgröße für die Auftragsabwicklung bekannt gegeben.

Allgemeine Geschäftsbedingungen (AGB)

Allgemeine Geschäftsbedingungen sind alle für eine Vielzahl von Verträgen vorformulierten Vertragsbedingungen, die eine Vertragspartei der anderen Vertragspartei bei Abschluss eines Vertrages stellt. Bestellt ein AG auf Grundlage seiner AGB und der AN bestätigt auf Grundlage seiner AGB, sind die jeweiligen Bedingungen im

Zweifelsfall nicht Vertragsgrundlage geworden. Vielmehr gilt das Gesetz mit seiner unbeschränkten Haftung. Ein Lösungsansatz ist hier die Festlegung von Rahmenvereinbarungen.

Änderungsmanagement

Im Änderungsmanagement werden alle Änderungen zum ursprünglichen Vertrag (Baseline) erfasst und systematisch bearbeitet.

Die Dokumentation erfolgt dann rückwirkend ab der Entstehung einer Vertragsabweichung. Werden diese einvernehmlich zwischen AG und AN geregelt, bezeichnet man diesen Vorgang üblicherweise als Änderungsantrag (Change Request) mit daraus abgeleiteter Beauftragung zur Durchführung der Änderung (Change Order) vor der Ausführung. Bei Uneinigkeit über die daraus entstehenden finanziellen, zeitlichen oder sachlichen Mehrungen oder Minderungen sprechen wir von Claims.

Sowohl beim Change Request Management mit einer daraus resultierenden Change Order wie auch beim Claim Management handelt es sich um Abweichungen vom oder um Zusätze zum Vertrag.

Angebot

Ein Angebot bekundet das Interesse einer Partei an einem Abschluss eines Vertrages mit einer anderen Partei und ist zur Begrenzung von Risiken z. B. mit einer Bindefrist versehen.

Die wichtigsten inhaltlichen Bestandteile eines Angebotes sind der Liefer- und Leistungsumfang (Scope), technische Spezifikationen und der Preis. Außerdem sind die Preisbasis, Zahlungsbedingungen, Erfüllungsort und Liefertermin ebenso wie Haftung, Gewährleistung und Gerichtsstand bzw. gültiges Recht anzugeben. Der schriftliche Vertrag wird mit rechtsverbindlichen Unterschriften beglaubigt.

Angebotskalkulation (AK)

Zur Ermittlung des möglichen EBIT und GWB wird die Angebotskalkulation (AK) erstellt. Die AK wird bei Auftragseingang in eine Auftragseingangskalkulation (AEK) übergeführt.

Anlagen

Technische Anlagen sind Kombinationen von Erzeugnissen und Leistungen, für die spezifische Beratungen und/oder Projektierungsarbeiten und/oder prozessorientierte Software erbracht werden und für die der Lieferant eine über die Eigenschaften der Erzeugnisse hinausgehende Verantwortung übernimmt.

Arbeitspaket (AP)

Unter einem Arbeitspaket (AP) versteht man im Projektmanagement das kleinste, überschaubare und steuerbare Element eines Projektstrukturplans. Das AP soll eindeutig einer Entwicklungs-, Arbeits- oder Sachgruppe zugeordnet sein und Verantwortlichkeiten abgrenzen. Der Umfang kann je nach Projektart und Projektkategorie zwischen ca. 40 und 400 Stunden liegen.

Das AP stellt eine identifizierbare und überschaubare Arbeitsmenge mit definierten Ergebnissen dar, für die Aufwand, Ressourcen, Zeitrahmen, Arbeitsbeschreibungen und Verantwortung festlegt sind. Jedem AP ist ein AP-Verantwortlicher zugeordnet.

Back-to-Back Agreement

Bei einem Back-to-Back Agreement werden die Vertragsbedingungen des Kundenvertrags in die Lieferantenverträge übernommen.

Behinderung, Behinderungsnachtrag

VOB/B besagt im § 6 Nr.1: „Glaubt sich der Auftragnehmer in der ordentlichen Ausführung der Leistung behindert, so hat er es dem Auftraggeber unverzüglich schriftlich anzuzeigen ..." Das bedeutet, dass es bereits ausreicht, wenn der Verdacht einer Behinderung ansteht, um dem Auftraggeber auf den Missstand hinzuweisen und ihm gleichzeitig die Möglichkeit einer Beseitigung der Behinderung zu geben. Es wird empfohlen, bei drohender Behinderung erst Bedenken anzumelden.

Außerdem ist bei Schadensersatzansprüchen das Vertretenmüssen durch den Auftraggeber zwingende Voraussetzung, also vorsätzliche oder fahrlässige Verletzung seiner Pflichten oder der seines Erfüllungsgehilfen.

Behinderung, Anzeige und Vertretenmüssen sind zu beweisen und die Aussicht einer Durchsetzung von Ansprüchen ist von der Qualität der Dokumente zur Sachverhaltsdarstellung entscheidend abhängig.

Sie sollten deswegen weniger auf den zweiten Satz des § 6 Nr.1 vertrauen: „Unterlässt er die Anzeige, so hat er nur dann Ansprüche, wenn dem Auftraggeber offenkundig die Tatsache und deren hindernde Wirkung bekannt war."

Es ist sinnvoll, jede Behinderung zu dokumentieren und entsprechend der Projektstrategie dem Auftraggeber anzuzeigen.

Bond

Bond, *engl.*, die Bürgschaft dient dem Auftraggeber als „Pfand" für die Seriösität des Auftragnehmers bei der Erfüllung seiner Verpflichtungen in den einzelnen Projektphasen. Das beginnt bereits mit der Bietungsbürgschaft *(Bid Bond)* und endet mit der *Mängelhaftungsgarantie (Warranty Bond)*, siehe auch Kapitel 4.3.26.

Bürgschaft

Siehe Bond

Change Order

Der geplante und strukturierte Umgang mit diesen Änderungen wird als Änderungsmanagement beschrieben. Kernaussage des Änderungsmanagements ist, dass vertraglich nicht vereinbarte Lieferungen und Leistungen von den Kunden zu erstatten sind und an Lieferanten nur diejenigen Forderungen bezahlt werden, die vertraglich vereinbart und geleistet sind.

Eine Change Order führt im gegenseitigen Einvernehmen mit dem Vertragspartner zu Mehrungen und/oder zu Minderungen des Vertrages. In der Regel wird mit dem Vertragspartner zu Projektbeginn ein Change Request Management – eine Änderungssystematik – vereinbart.

Das Änderungsmanagement beinhaltet grundsätzlich zwei Themenfelder: Claim Management und Change Order Management.

Alle Änderungen innerhalb der Laufzeit des Projektes, ob vom Kunden, vom Lieferanten oder vom Auftragnehmer ausgelöst, werden im Claim Management oder im Change Order Management erfasst, dokumentiert und weiterverfolgt.

Claims, über die einvernehmliche Regelungen getroffen wurden, die zu einer Vertragsänderung führen (Preis, Termin), gehen automatisch in das Change Order Management über.

Claim Management

Claim Management lässt sich in etwa mit „Management von Ansprüchen und Gegenansprüchen" übersetzen und ist ein wesentlicher Bestandteil des ergebnisorientierten Projektmanagements. Die Grenzen zum Contract Management sind fließend. Das vorliegende Handbuch für Praktiker soll dem Projektleiter und seinem Team helfen, Abweichungen von einem Projektvertrag zu erkennen, sachgerecht zu dokumentieren, Mehrleistungen zu bewerten und diese einzufordern bzw. ungerechtfertigte Forderungen abzuwehren.

(Exkurs: „Claim" ist in Amerika und Australien die Bezeichnung für Grundbesitz in staatlichem Eigentum, das einem Ansiedler oder Bewirtschafter gegen Gebühr mit Vorkaufsrecht überlassen wird. Genauer gesagt wurde der entsprechende Rechtstitel so bezeichnet. In den Zeiten der Goldrauschs waren es aber einfach die Grundstücke, die so bezeichnet wurden.)

Compliance List

In der Compliance List werden neben detaillierten Projektanforderungen auch Aussagen über eine Übereinstimmung des Liefer-/Leistungsumfangs (Scope) mit diesen Anforderungen getroffen.

Concurrent Delay

Oft treten Verzögerungen ein, die weder dem AG noch dem AN eindeutig zuordenbar sind. Aufgrund paralleler Arbeitsabläufe der Vertragspartner ist der eigentliche oder Erstverschuldner nicht mit Sicherheit festzustellen. Es kommt zu einem so genannten „Windschattensegeln", in dem die eigenen verzögerten Arbeitsabläufe als nicht durchführbar aufgrund einer anderen, bereits offensichtlichen Verzögerung dargestellt (getarnt) werden, um damit drohenden Verzugsstrafen zu entgehen.

Controlling

Das betriebswirtschaftliche Controlling in einem Projekt beinhaltet alle Aufgaben im Zusammenhang mit der Überwachung und Steuerung von Zeit, Kosten und Liefer- und Leistungsumfang (Time – Cost – Scope) unter Berücksichtigung der vertraglich geforderten Qualität.

Die Projektüberwachung vergleicht die geplanten Sollwerte im laufenden Projekt mit den jeweils erreichten Istwerten und führt Abweichungen auf.

DAB (Dispute Adjudication Board)

In FIDIC-Verträgen vor 1999 wurde dem „Engineer" die Rolle des Auftraggebers mit Hinsicht auf eine schnelle Streitschlichtung bei der Projektabwicklung zugebilligt. Jetzt wurde diese Rolle wegen ihrer Abhängigkeit vom Auftraggeber durch das Dispute Adjudication Board ersetzt.

Dienstvertrag

Gesetzliche Regelungen für den Dienstvertrag finden sich in §§ 611ff BGB. Vertragsparteien sind Dienstberechtigter und Dienstverpflichteter, der Vertragsgegenstand ist die Leistung von Diensten, z.B. Kundenschulung (Trainings).

Hauptpflichten der Vertragsparteien sind für den Dienstverpflichteten die Leistung der versprochenen Dienste und für den Dienstberechtigten eine Zahlung der vereinbarten Vergütung.

Expediting

Expediting bedeutet, den zeitlichen und inhaltlichen Ablauf der Herstellung und Bereitstellung komplexer Anlagen wie deren Einzelkomponenten gewissenhaft zu verfolgen. Dies können z.B. Kontrollbesuche bei Lieferanten zur Ermittlung des Projektstatus sein. Die Ausführung erfolgt häufig durch unabhängige Dritte wie z.B. TÜV, Lloyds, die diese Tätigkeiten mit einem Inspektions-Zertifikat abschließen, das wiederum als Bankvorlage zur Freigabe von Zahlungen durch den AG dienen kann. Expediting wird in allen Abwicklungsprojektphasen durchgeführt.

FIDIC

Die Federation Internationale des Ingénieurs Conseils (FIDIC) hat zur Vereinfachung der Vertragsgestaltung standardisierte Vertragsmuster zugrunde gelegt, die alle vergleichbar strukturiert sind und aus den General Conditions, der „Guidance for the Preparation of Particular Conditions" sowie den „Forms of Letter of Tender, Contract Agreement and Dispute Adjudication Agreement" bestehen.

Die FIDIC-Bedingungen, Version 1999, bestehen aus vier Büchern:

RED BOOK (Conditions of Contract for Construction); es gilt „For Building and Engineering Works, Designed by the Employer" und betrifft Verträge über Bauleistungen, bei denen das Design vom Kunden stammt. Es handelt sich meist um Einheitspreisverträge.

YELLOW BOOK (Conditions of Contract for Plant and Design-Build); es gilt „For electrical and mechanical Plant, and for Building and Engineering Works, Designed by the Contractor" und gilt sowohl für Bauleistungen als auch für Komponenten-, Liefer- und Montageverträge – auch bei „Turnkey-Verträgen", bei denen das Design vom Auftragnehmer stammt. Es handelt sich daher häufig um Pauschalpreisverträge.

SILVER BOOK (Conditions of Contract for Engineering, Procurement and Construction EPC); dieses Vertragsmuster gilt für Turnkey-Verträge bei privatfinanzierten Vorhaben (insbesondere bei Built-Operate-Transfer(BOT)-Modellen. Das Hauptrisiko trägt der Auftragnehmer.

GREEN BOOK (Short Form of Contract); dieses Vertragsmuster wird für kleinere Aufträge bis zu 50.000 Euro empfohlen.

FIDIC hat die Rolle des Ingenieurs neu definiert, und in den neuen Red & Yellow Books klar dargelegt, dass der Ingenieur vom Auftraggeber beauftragt wird und als dessen Vertreter in vertraglichen Belangen agiert. Streitigkeiten im Laufe der Vertragsabwicklung zwischen den Parteien werden heute nicht mehr vom Ingenieur, sondern durch den DAB (Dispute Adjudication Board) entschieden.

Trotz alledem verfügt der Ingenieur (im neuen Red Book) über einige Befugnisse, welche weit über die Rolle eines Vertreters des Auftraggebers hinausgehen. Dem Ingenieur kommt die Aufgabe eines Mediators zu, welcher in Konfliktfällen einvernehmlich zwischen den Parteien vermitteln soll. Gelingt es dem Ingenieur nicht, eine Lösung herbeizuführen, so ist dieser nach wie vor vertraglich befugt, eine Entscheidung zu treffen. Diese Entscheidung ist für alle Parteien verbindlich mit der Ausnahme, dass eine Partei den DAB anruft, um gegen die Entscheidung des Ingenieurs vorzugehen.

Force Majeure

Force Majeure wird auch „Höhere Gewalt" oder „Acts of God" genannt. Damit werden Ereignisse bezeichnet, welche von außen auf die Vertragserfüllung einwirken und für die betroffene Vertragspartei nicht vorhersehbar und unvermeidbar sind.

Es sind neben einer Beschreibung des Tatbestandes (was als Höhere Gewalt angesehen werden soll) auch die Rechtsfolgen (Konsequenzen) zu regeln. Es ist sinnvoll, die möglichen Fälle Höherer Gewalt im Einzelnen im Vertrag aufzuführen.

GU (Generalunternehmer)

Der Generalunternehmer (engl. General Contractor) ist ein Unternehmen oder ein Konsortium, das einen Vertrag über die Planung und Ausführung eines Gesamtprojekts – meist einer schlüsselfertigen Anlage – abschließt.

Der GU kann sich als offenes Konsortium zum Kunden hin aufstellen (Gesamtschuldnerische Haftung der Konsorten gegenüber dem Kunden) oder es wird ein stilles Konsortium gebildet. Hier schließt ein Unternehmer den Vertrag mit dem Kunden ab und haftet dem Kunden gegenüber allein, bildet aber für die Abwicklung ein stilles Konsortium.

Kann der GU nicht alle Lieferungen und Leistungen alleine erbringen und bildet er kein Konsortium, so setzt er Lieferanten ein. Der GU haftet für die ordnungsgemäße Erbringung der Leistung durch die Lieferanten gegenüber dem AG.

GV (Geschäftsverantwortlicher)

Der Geschäftsverantwortliche ist in der Linienorganisation und außerhalb der Projektorganisation. Der GV trägt die unternehmerische Verantwortung für das Geschäft. Er entscheidet, ob und wie ein Vorhaben eingestuft und im Rahmen einer Projektorganisation durchgeführt wird. Er beauftragt den Projektleiter und unterstützt ihn in seinem Arbeitsumfeld.

Der GV vereinbart mit dem PL die Projektziele bezüglich der Ressourcen, der Kosten und der Termine, überwacht das Controlling und führt Entscheidungen herbei, die außerhalb des Kompetenzbereiches des Projektleiters liegen.

Gewährleistung

Der Begriff wurde durch die Schuldrechtsreform beseitigt und durch den Begriff der „Mängelhaftung" ersetzt.

Gutachten

Unter einem Gutachten versteht man die nach logischen Gedankenschritten geordnete Herleitung der Antwort auf die gestellte Frage. Dabei ist die Prämisse (die Vorgabe) der Ausgangspunkt, nach deren jeweiliger Voraussetzung solange zu prüfen ist, bis sich daraus die Antwort auf die aufgegebene Frage ergibt.

Haftung

Unter Haftung wird die Verpflichtung zu einer Schadenersatzzahlung oder einer sonstigen Geldleistung verstanden. Bei Pflichtverletzungen können Vertragspartner und auch Dritte Ansprüche entweder aus dem Vertragsverhältnis oder auch nach dem Gesetz geltend machen. Soweit eine Schadensersatzverpflichtung festgestellt werden kann, haftet der Schuldner dem Umfang und der Höhe nach unbegrenzt.

Höhere Gewalt

siehe „Force Majeure"

INCOTERMS

INCOTERMS steht für „International Commercial Terms". Es sind kurz gefasste Handelsbedingungen. Sie enthalten einheitliche Regelungen wesentlicher Vertragsverpflichten beider Vertragspartner (Lieferant, Kunde) bei internationalen Handelsgeschäften. Typische Abkürzungen sind z. B. FOB, CFR, CIF. Eine Tabelle mit Beschreibungen der INCOTERMS befindet sich auf Seite 71.

Kaufvertrag

Gesetzliche Regelungen über den Kaufvertrag sind im Bürgerlichen Gesetzbuch unter §§ 433ff nachzulesen. Vertragsparteien sind der Käufer und der Verkäufer, der Vertragsgegenstand ist die Veräußerung von Sachen oder Rechten (z. B. reines Liefergeschäft). Hauptpflichten der Parteien sind: Der Verkäufer hat dem Käufer den Vertragsgegenstand zu übergeben und dem Käufer das Eigentum an dem Kaufgegenstand zu verschaffen, wofür der Käufer dem Verkäufer den Verkaufspreis zahlt.

Konkludentes Handeln

Konkludentes Handeln bedeutet „schlüssiges Handeln". Die vertragsannehmende Partei bewirkt durch ihr Handeln bzw. ihr Verhalten das Zustandekommen des Vertrages.

Konventionalstrafe

siehe „Pönale"

Lastenheft

Im Lastenheft ist (vom AG) der erwartete Projekterfolg, das „Projektprodukt" beschrieben: WAS soll erstellt werden?

Im Pflichtenheft stellt in der Regel der Auftragnehmer dar, WIE er die Forderungen umsetzen wird.

Letter of Credit

Der „Letter of Credit", abgekürzt L/C, ist ein Akkreditiv, das als Instrument zur Zahlungsabwicklung und Zahlungssicherung im internationalen Handel Verwendung findet. Es ist ein Zahlungsversprechen durch eine Bank und dient zur Risikobegrenzung für den Auftragnehmer.

Lessons Learned

Lessons Learned sind „gewonnene Erkenntnisse". Die damit verbundenen Korrekturen, Verbesserungen und Erkenntnisse sind zu dokumentieren und werden Anderen zur Verfügung gestellt.

Liefer- und Leistungsumfang

Der Liefer- und Leistungsumfang (Scope) umfasst alle Komponenten und Arbeitsergebnisse, die aufgrund des abgeschlossenen Vertrages an den Auftraggeber zu übergeben sind.

Lump Sum

Pauschalpreis; wird dieser für die vertraglich bestimmte Leistung z. B. durch eine Detailbeschreibung festgelegt, ist eine pauschale Vergütung vereinbart. Änderungen, die sich in dieser Leistung ergeben, sind ohne Einfluss auf die Vergütung.

Mangel

Mangelvoraussetzung ist eine Abweichung von der vereinbarten Soll-Beschaffenheit. Wichtig ist somit die eindeutige (vertragliche) Beschreibung der Beschaffenheit des Liefer- und Leistungsumfangs.

Mängelhaftung

Der Begriff der „Gewährleistung" wurde im Rahmen der Schuldrechtreform des Deutschen Rechts durch „Mängelhaftung" ersetzt. Ein Mangel liegt vor,

- wenn sich die Sache nicht für die dem Vertrag vorausgesetzte beziehungsweise gewöhnliche Verwendung eignet,

- wenn die vereinbarte Montage bzw. Installation unsachgemäß durchgeführt worden ist,

- wenn die Montage- bzw. Installationsanleitung mangelhaft ist,

- wenn eine andere Sache geliefert wurde (Falschlieferung), oder

- wenn der Kunde eine zu geringe Menge erhalten hat (Zuweniglieferung).

Mögliche Folgen können nach deutschem Recht sein: Minderung, Rücktritt, Selbstvornahme gegen Entschädigung des Aufwands. Nur im Verschuldensfall kann der Kunde Schadensersatzansprüche geltend machen.

Meilenstein

In Projektablaufplänen werden Schlüsseltermine bzw. Ereignisse als Meilensteine bezeichnet. Im Gegensatz zu Arbeitspaketen haben Meilensteine keine zeitliche Dauer, sind aber oft als Zwischenziel pönalisiert (siehe „Pönale") und damit für die Durchführung des Claim Managements äußerst wichtig. Sie bieten außer der Gefahr des eigenen Verzugs auch die Möglichkeit des Controllings und der In-Verzug-Setzung anderer säumiger Vertragspartner.

MIKA (Mitkalkulation)

Die Mitkalkulation ist eine Fortschreibung der Auftragseingangskalkulation (siehe „AEK") in definierten Zeitabständen und damit ein Controllinginstrument zur Kostenüberwachung. Die MIKA stellt den kalkulierten Kosten (Planwerte auf AP-Ebene) die tatsächlich eingetretenen Ist-Kosten gegenüber. Die MIKA ist Bestandteil der Projekt-Statusberichte und dient dem Soll-Ist-Vergleich sowie dem Forecast.

NCC (Non Conformance Costs)

Als Non Conformance Costs werden eigenverschuldete Fehler im Projektablauf bezeichnet. Sie können nicht gegenüber Vertragspartnern geclaimt werden.

Häufig werden sie durch Schwachstellen im innerbetrieblichen Prozessablauf verursacht. Eine Ursachenanalyse und Lessons Learned leisten einen Beitrag, um diese Fehler zu erkennen und zukünftig zu vermeiden.

Nominierte Lieferanten

Der Auftraggeber kann dem Auftragnehmer eine Auswahl von ihm geforderter Lieferanten vorgeben. Der Auftragnehmer muss bei diesen nominierten Lieferanten, die der Auftraggeber als „gleichwertig" betrachtet, dann die Teilsysteme, Materialien oder Dienstleistungen beziehen. Diese Lieferanten werden auch als *Approved Vendors* oder *Nominated Subcontractors* bezeichnet.

NK (Nachkalkulation)

Die Nachkalkulation wird zu Projektende zur Ermittlung der tatsächlich aufgelaufenen Kosten, Umsätze und Projektergebnisse als Basis zur Soll-Ist-Analyse durchgeführt.

Pflichten des Auftraggebers (Vertrag nach VOB/B)

Bei den Pflichten des Auftraggebers wird zwischen Haupt- und Nebenpflichten unterschieden.

Die Hauptpflichten des AG sind Zahlung und Abnahme. Als Nebenpflichten gelten u.a. die allgemeine Mitwirkungspflicht, die rechtzeitige Übergabe der Ausführungsunterlagen, das Abstecken der Hauptachsen und Grenzen des vom AG gestellten Gebäudes/Geländes und die Aufrechterhaltung der Ordnung (Koordinierungspflicht), vgl. §§ 3, 4 und 5 VOB/B.

Pflichtenheft

Im Pflichtenheft beschreibt der Auftragnehmer, wie er den Projektauftrag umsetzen wird.

Pönale (Vertragsstrafe, Konventionalstrafe, Penalty)

Pönalen sind vertraglich vereinbarte Zahlungsversprechen für den Fall nicht oder nicht ordnungsgemäß erfüllter Pflichten wie z.B. Liefer- und Leistungstermine oder Leistungswerte. Es kann grundsätzlich jede beliebige vertragliche Verpflichtung pönalisiert werden.

Die Pönale ist unabhängig davon, ob die Vertragsverletzung zu einem Schaden beim Kunden geführt hat.

Im anglo-amerikanischen Rechtsraum gibt es noch den Begriff der „Liquidated Damages", weil dort Vereinbarungen von Vertragsstrafen unzulässig sind. Hier ist der Kunde nicht zur Glaubhaftmachung der Schadenshöhe verpflichtet, weil im Vertrag selbst eine angemessene Schadensvorausschätzung festgelegt wurde.

Quantity Surveyor

Der Begriff wurde in England für den technischen Sachverständigen verwendet, der aus den Zeichnungen des Architekten die Leistungen und Mengen für die Anbieter zur Bepreisung festlegte, die so genannte „Bill of Quantities".

Risiko

Möglicher Eintritt eines negativen Ereignisses für das Projekt. Risiken werden bereits in der Vorvertragsphase identifiziert, bewertet und bei Bedarf mit Maßnahmen versehen. Der Claim Manager (zu diesem Zeitpunkt: Contract Manager) verfolgt und aktualisiert die Risikoanalyse fortlaufend.

Die Risikoanalyse ist eine systematische und bewertete Darstellung aller Risiken, die im Projektverlauf auftreten können.

Salvatorische Klausel

Sollte eine oder mehrere Regelungen des Vertrages ganz oder teilweise rechtsunwirksam sein, so wird dadurch die Gültigkeit der übrigen Regelungen nicht berührt.

Schlichtung

Schlichtung, Conciliation und Mediation bedeuten in etwa dasselbe. Mediatoren sind eher Vermittler ohne eigene Lösungsvorschläge, wogegen der im Conciliation-Verfahren eingesetzte Schlichter einen eigenen Schlichtungsvorschlag unterbreitet.

Stakeholder

Stakeholder eines Projektes sind alle Personen, die ein Interesse am Projekt haben oder vom Projekt in irgendeiner Weise betroffen sind.

Unverzüglich

Unverzüglich im juristischen Sinn bedeutet „ohne schuldhaftes Zögern", also ohne vorsätzliches und fahrlässiges Zögern. Das kann konkret die Frist von wenigen Minuten oder zwei Wochen bedeuten, es kommt auf den jeweiligen Fall an. Unverzüglich bedeutet somit nicht das Gleiche wie sofort, was ja „ohne jedes Zögern" heißt!

Verdeckter Mangel

Den Begriff „verdeckter Mangel" gibt es im BGB nicht. Es handelt sich um einen Mangel, welcher zum Zeitpunkt der Abnahme nicht erkennbar war, ansonsten hätte er vom AG gerügt werden müssen. Der AG hätte sich seine Mängelansprüche bei der Abnahme vorbehalten und ins Abnahmeprotokoll aufnehmen müssen, andernfalls hat der AG den „Mangel" als unerheblich betrachtet und kann nun nachträglich keine Mängelbeseitigungsansprüche mehr geltend machen.

VOB

VOB (Vergabe- und Vertragsordnung für Bauleistungen, bis 2002 Verdingungsordnung für Bauleistungen). VOB/A betreffen die Vergabe von Aufträgen; VOB/B enthalten die für die Lieferungen und Leistungen wesentlichen materiellen Regelungen. Sie sind aus dem Bedürfnis eines ausgewogenen Interessenausgleichs zwischen Auftragnehmer und Auftraggeber geschaffen worden, sind ausführlicher und präziser als die Kauf- und Werksvertragsbestimmungen des BGB und enthalten Haftungs- und Risikobegrenzungen, die das BGB nicht kennt.

VOB-Bedingungen müssen zwischen den Vertragsparteien gesondert vereinbart werden.

Werkvertrag

Im Anhang sind die gesetzlichen Regelungen des Werkvertrags in §§ 631ff BGB Stand 2004 enthalten. Vertragsparteien sind Besteller und Unternehmer, der Vertragsgegenstand ist die Herstellung eines Werkes, zu dem der Besteller das Material beistellt, bzw. ohne Material, z. B. Montage von Fremdausrüstungen oder Planungsvertrag.

Hauptpflichten der Parteien sind für den Unternehmer die rechtzeitige Herstellung des vertragsgemäßen, mangelfreien Werkes, der Unternehmer muss einen Erfolg herbeiführen. Der Besteller ist zur Zahlung der Vergütung und zur Abnahme des vertragsgemäß hergestellten Werkes verpflichtet.

Literaturverzeichnis

ARD Ratgeber Recht, www.ratgeberrecht.de

Böker, *Vertragsrecht und Claim Management;* expert verlag 1996

Burghardt, *Projektmanagement;* 6. Auflage, Publicis Corporate Publishing Erlangen 2002

Dornbusch/Plum, *Claim-Management beim VOB-Vertrag. Abweichungen/ Ansprüche/Nachträge;* Heinz Plum Verlag Heinsberg 2003

Fleming, *Project Procurement Management;* First Edition, FMC Press 2003

Fisher, *Das Harvard-Konzept;* 22. Auflage, Campus Verlag 2004

Jankulik/Kuhlang/Pfiff, *Projektmanagement und Prozessmessung;* Publicis Corporate Publishing, 2005

Kerzner, *Projektmanagement, ein systemorientierter Ansatz zur Planung und Steuerung;* Übersetzung der 8. engl. Ausgabe durch Prof. Grau/ Majetschak; mitp-Verlag Bonn 2003

Kühnel, *Projekt, Vertrag und Claim;* VDMA-Verlag 2002

Michel, *Projektcontrolling und Reporting;* 2. Auflage, Sauer-Verlag, 1996

PMBoK®, *Project Management Body of Knowledge, Project Management Institute;* PA 19073-3299 USA

Pinnells, *Zeit, Verzögerung und Claim;* VDMA-Verlag, 2004

McPike/Kutner, *International Construction Contracts Delay and Time Related Claims;* in: The International Construction Law Rewiew 1989

Reg Thomas, *Construction Contract Claims;* Second Edition, Palgrave 2001

Schreckeneder, *Projektcontrolling;* Rudolf Haufe Verlag 2004

Völkel, *Exportgeschäft von A–Z;* 2. Auflage, Springer-Verlag 2001

Zwillich, *Claim Management;* aus: Projektmanagement im Anlagenbau, VDE-Verlag GmbH Berlin-Offenbach 1994

Stichwortverzeichnis

(Zahl = Seite; G = Glossar;)

Burghardt, Manfred

Einführung in Projektmanagement

Definition, Planung, Kontrolle, Abschluss

4., überarbeitete und erweiterte Auflage, 2002
336 Seiten, 110 Abbildungen, 30 Tabellen,
17 cm × 25 cm, kartoniert
ISBN 3-89578-198-3
€ 37,90 / sFr 61,00

„Einführung in Projektmanagement" bietet eine praxisorientierte, verständliche und übersichtliche Einführung in die Methoden und Vorgehensweisen des modernen Projektmanagements. Es hilft Projektbeteiligten in der Industrie, im Dienstleistungsbereich und in der Forschung, Projekte richtig zu planen, durchzuführen, zu überwachen und zu steuern und dabei die Parameter Leistung, Einsatzmittel (Geld, Personal, Maschinen usw.) und Zeit optimal aufeinander abzustimmen. Studenten der Ingenieur- und Wirtschaftswissenschaften bietet es eine praxisnahe Einführung in das Thema.

Burghardt, Manfred

Projektmanagement

Leitfaden für die Planung, Überwachung und Steuerung von Enwicklungsprojekten

6., überarbeitete und erweiterte Auflage, 2002
653 Seiten plus 56 Seiten Beiheft, 300 Abbildungen,
80 Tabellen, 17 cm × 25 cm, gebunden
ISBN 3-89578-199-1
€ 119,00 / sFr 188,00

Das Buch ist ein umfassendes, anerkanntes Standardwerk für alle, die als Projektleiter, Projektplaner oder Projektmitarbeiter mit Projektmanagement in Berührung kommen. In verständlicher Form bringt es ihnen die Methoden und Vorgehensweisen im Projektmanagement nahe. Außerdem dient es als Nachschlagewerk für alle diejenigen, die bereits längere Zeit mit PM-Aufgaben betraut sind.

Neben der ausführlichen und gut strukturierten Darstellung des Themas bietet „Projektmanagement" einen Fragenkatalog für PM-Untersuchungen sowie ein Beiheft mit 46 aktuellen PM-Merkblättern für das Erstellen projektspezifischer Checklisten.

Jankulik, Ernst; Kuhlang, Peter; Piff, Roland

Projektmanagement und Prozessmessung

Die Balanced Scorecard im projektorientierten Unternehmen

2005, 273 Seiten, 115 Abbildungen,
17,3 cm × 25 cm, gebunden
ISBN 3-89578-251-3
€ 57,90 / sFr 93,00

Die in diesem Buch beschriebenen neuartigen Methoden bieten ein optionales, strategisches Steuerungsinstrument zur Unterstützung der Process Owner und eignen sich für den Einsatz in jedem projektorientierten Unternehmen.

Zu Beginn bietet das Buch Definitionen und die Diskussion wichtiger Methoden. Anschließend wird die Projektportfolio-Scorecard entwickelt, einschließlich ihrer Indikatoren und Messgrößen, und im nächsten Abschnitt ist ihre Anwendung anhand konkreter Beispiele mit Ergebnissen der Prozessmessung aus der Sicht der Projektmanager dargestellt.

Das Buch richtet sich an alle Projekt-, Prozess- und Qualitätsmanager, an Führungskräfte, Berater, Studenten und Dozenten.

Börnecke, Dirk (Hrsg.)

Basiswissen für Führungskräfte

Recht und Finanzen;
Organisation, Strategie, Personal;
Marketing und Selbstmanagement

4., überarbeitete und erweiterte Auflage, 2005
472 Seiten, 4 Abbildungen,
14,3 cm × 22,5 cm, gebunden
ISBN 3-89578-252-1
€ 39,90 / sFr 64,00

Dieses Standardwerk richtet sich an Führungskräfte mit Personalverantwortung sowie an Leiter kleiner und mittlerer Unternehmen. Leicht verständlich werden – zum Einlesen oder Nachschlagen – Organisationsfragen und unternehmerische Strategien dargestellt, betriebswirtschaftliches Grundwissen zu Rechnungswesen, Finanzierung und Planung, außerdem Marketing und Werbung, Projektmanagement und Prozesswissen, DV-Management, Planung und Organisation von Profitcenters, Arbeitsrecht, Personalführung und -beschaffung sowie Führungsmethoden und Arbeitstechniken. Ergänzt wird das Buch durch ein ausführliches Stichwortverzeichnis.

www.publicis-erlangen.de/books